“玩转科学”系列

我们只有一个地球

——节能和低碳生活方式

总 主 编　杨广军

副总主编　朱焯炜　章振华　张兴娟

　　　　　胡　俊　黄晓春　徐永存

本册主编　陈杨梅

副 主 编　黄　凯

上海科学普及出版社

图书在版编目（CIP）数据

我们只有一个地球：节能和低碳生活方式/陈杨梅主编.—上海：上海科学普及出版社，2011.1(2018.4 重印)
(玩转科学系列 / 杨广军主编)
ISBN 978-7-5427-4605-4

Ⅰ.①我… Ⅱ.①陈… Ⅲ.①节能-普及读物 Ⅳ.①TK01-49

中国版本图书馆 CIP 数据核字(2010)第 141003 号

组　　稿　胡名正　徐丽萍
责任编辑　徐丽萍　刘湘雯　张怡纳

"玩转科学"系列
我们只有一个地球
——节能和低碳生活方式
总主编　杨广军
副总主编　朱焯炜　章振华　张兴娟
胡　俊　黄晓春　徐永存
本册主编　陈杨梅
副主编　黄　凯
上海科学普及出版社出版发行
(上海中山北路 832 号　邮政编码 200070)
http://www.pspsh.com

各地新华书店经销　北京一鑫印务有限责任公司印刷
开本 787×1092　1/16　印张 13　字数 250 000
2011 年 1 月第 1 版　2018 年 4 月第 3 次印刷

ISBN 978-7-5427-4605-4　定价：25.80 元

卷首语

“节能”与“减排”，不仅是当今社会的流行语，更是关系我们未来的重要抉择。你可知道，培养“节能”与“减排”的意识，对自己的生活方式或者消费习惯进行简单易行的改变，一起减少全球温室气体排放，就是在我们的生活中对人类的未来在作出贡献，所做事情可能很小，但它的意义却十分重大。

你可知道，追求健康生活，不仅要“低脂”、“低盐”、“低糖”，也要“低碳”？追求“低碳生活”，就要做好节能与环保，这样才能减缓全球气候变暖和环境恶化的速度，使我们未来美好生活成为可能。如何减少二氧化碳的排放？如何进行我们的“低碳生活”？请和我们一起走到书中来，学习生活中的节能知识吧……

目　录

节能保障——新能源、新技术

认识人类活动的命脉——能源分类 …………………………………… (3)
有限能源与能耗剧增的矛盾——能源现状 ……………………………… (9)
第五能源——节能 …………………………………………………… (14)
不竭之源——太阳能的利用 ………………………………………… (19)
人类的终极能源——氢能 …………………………………………… (25)
可再生的碳源——生物质能 ………………………………………… (31)
室温调节新趋势——地源热泵 ……………………………………… (36)
节能卫士——节能装置种类多 ……………………………………… (42)
功成身退——白炽灯的换代 ………………………………………… (47)
绿色建材——新型建筑节能材料 …………………………………… (53)

绿色经济——生产的节能、环保

清洁燃料成新宠——新燃料开发利用 ………………………………… (61)
联合生产——余热余压的利用 ……………………………………… (67)

拯救水资源——废水处理 …… (72)
变频调速技术显神威——电机的节能改造 …… (78)
现代农业的内涵——低耗高效 …… (84)

变废为宝——循环利用

沙中淘金——生活垃圾的分类 …… (91)
这些标志你认识吗——回收标志 …… (96)
化腐朽为神奇——垃圾发电 …… (101)
二次油田——废塑料的循环利用 …… (106)
不能扔的“垃圾”——电池的回收利用 …… (110)
旧手机中的金矿——电子垃圾的循环利用 …… (115)
水的再生——水的循环利用 …… (121)
云的礼物——雨水的循环利用 …… (127)

低碳生活——吃、穿、住、行中的节能减排

你够时尚吗——低碳生活 …… (133)
魔术厨房——厨房中的节能细节 …… (138)
吃饭也环保——低碳饮食 …… (143)
穿衣也低碳——怎样穿衣更环保 …… (147)
精打细算——节能电器细挑选 …… (152)
生活中的点滴——电器使用窍门多 …… (156)
巧用电池——电池的使用 …… (161)
绿色建筑——低耗能房屋 …… (166)
你选择好光了吗——合理照明 …… (171)
节能先锋——形形色色节能屋 …… (176)

节能典范——世博园中的节能展馆 …………………………………… (181)
绿色交通——绿色汽车家族 ………………………………………… (186)
菜篮子的贡献——一次性用品害处多 ……………………………… (191)
取人之长补己之短——国外节能举措 ……………………………… (196)

节能保障

——新能源、新技术

能源是现代社会的动力，人类每天在消耗着能源，日渐消瘦的传统能源时不时拉起了警报；更有甚者，一些无谓的浪费也在吞噬着地球上的有限资源。于是珍惜地球上的能源，开发新的、清洁的能源业已成为人类关心且必须倾力而为的大事。本世纪的能源开发应走多元化战略，大力开发水电、核能、太阳能、风能、生物质能等再生资源，以减少对石油、煤炭的依赖，以赢得能源的可持续发展。从我国目前的实际情况来看，开发新能源的前景固然广阔，但是以节约能源的方式来减缓能源的消耗在现阶段更加可行并且潜力巨大。

要实现节能的最终目标，必须依靠高新技术的发展。在本章中让我们一起来看看科技在节能领域的应用吧。

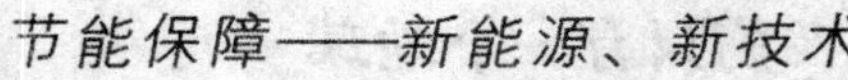
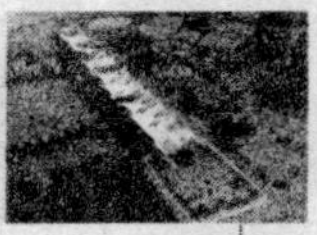

认识人类活动的命脉
——能源分类

能源种类繁多，而且经过人类不断的开发与研究，更多新型能源已经开始能够满足人类需求。根据不同的划分方式，能源也可分为不同的类型。要避免气候变化带来最严重的影响，有两种切实可行的解决方案：利用可再生能源和提高能源使用效率。绿色能源带来绿色未来。掀起新能源革命——就现在！

◆人类对电的依赖

按来源分类

按来源分为 3 类：

1. **来自地球外部天体的能源（主要是太阳能）。**

除直接辐射外，并为风能、水能、生物质能和矿物质能源等的产生提供基础。人类所需能量的绝大部分都直接或间接地来自太阳。正是各种植物通过光合作用把太阳能转变成化学能在植物体内贮存下来。煤炭、石油、天然气等化石燃料也是由古代埋在地下的动植物经过漫长的地质年

◆太阳能利用

◆水能是人类已能利用的清洁能源之一

代形成的。它们实质上是由古代生物固定下来的太阳能。此外，水能、风能、波浪能、海流能等也都是由太阳能转换来的。

2. **地球本身蕴藏的能量。**

地球本身蕴藏的能量通常指与地球内部的热能有关的能源和与原子核反应有关的能源，如原子核能、地热能等。

化石燃料是由古代生物固定下来的太阳能。此外，水能、风能、波浪能、海流能等也都是由太阳能转换来的。

3. **地球和其他天体相互作用而产生的能量。**

如潮汐能。温泉和火山爆发喷出的岩浆就是地热的表现。地球可分为地壳、地幔和地核三层，它是一个大热库。地壳就是地球表面的一层，一般厚度为几千米至70千米不等。地壳下面是地幔，它大部分是熔融状的岩浆，厚度为2900千米。火山爆发一般指这部分岩浆喷出。地球内部为地核，地核中心温度为2000℃。可见，地球上的地热资源储量很大。

按基本形态分类

按能源的基本形态分类，有一次能源和二次能源。

前者即天然能源，指在自然界现成存在的能源，如煤炭、石油、天然气、水能等。后者指由一次能源加工转换而成的能源产品，如电力、煤气、蒸汽及各种石油制品等。一次能源又分为可再生能源（水能、风能及生物质能）和非再生能源

◆风能利用

（煤炭、石油、天然气、油页岩等）。根据产生的方式可分为一次能源（天然能源）和二次能源（人工能源）。一次能源是指自然界中以天然形式存在并没有经过加工或转换的能量资源，一次能源包括可再生的水力资源和不可再生的煤炭、石油、天然气资源，其中以水、石油和天然气这三种能源为一次能源的核心，它们成为全球能源的基础。除此以外，太阳能、风能、地热能、海洋能、生物质能以及核能等可再生能源也被包括在一次能源的范围内。二次能源则是指由一次能源直接或间接转换成的其他种类和形式的能量资源。

◆家用煤气是二次能源

点　击

电力、煤气、汽油、柴油、焦炭、洁净煤、激光和沼气等能源都属于二次能源。

按性质分类

按能源性质分，有燃料型能源（煤炭、石油、天然气、泥炭、木材）和非燃料型能源（水能、风能、地热能、海洋能）。

人类利用自己体力以外的能源是从用火开始的，最早的燃料是木材，以后用各种化石燃料，如煤炭、石油、天然气、泥炭等。现正研究利用太阳能、地热能、风能、潮汐能等新能源。当

◆海洋能发电设计

前化石燃料消耗量很大，但地球上这些燃料的储量有限。未来铀和钍将提供世界所需的大部分能量。一旦控制核聚变的技术问题得到解决，人类实际上将获得无尽的能源。

根据能源消耗后是否造成环境污染，能源又可分为污染型能源和清洁型能源。

污染型能源包括煤炭、石油等，清洁型能源包括水力、电力、太阳能、风能以及核能等。

◆核能的利用将为人类带来巨大能源

其他分类

◆生物质能源越来越受到人们的重视

根据能源使用的类型还可分为常规能源和新型能源。

常规能源包括一次能源中的可再生的水力资源和不可再生的煤炭、石油、天然气等资源。新型能源是相对于常规能源而言的，包括太阳能、风能、地热能、海洋能、生物质能以及用于核能发电的核燃料等能源。由于新能源的能量密度较小，或品位较低，或有间歇性，按已有的技术条件转换利用的经济性尚差，还处于研究、发展阶段，只能因地制宜地开发和利用；但新能源大多数是可再生能源。资源丰富，分布广阔，是未来的主要能源之一。

人们通常按能源的形态特征或转换与应用的层次对它进行分类。

节能保障——新能源、新技术

世界能源委员会推荐的能源类型分为：固体燃料、液体燃料、气体燃料、水能、电能、太阳能、生物质能、风能、核能、海洋能和地热能。其中，前三个类型统称化石燃料或化石能源。已被人类认识的上述能源，在一定条件下可以转换为人们所需的某种形式的能量。比如薪柴和煤炭，把它们加热到一定温度，它们能和空气中的氧气化合并放出大量的热能。我们可以用热来取暖、做饭或制冷，也可以用热来产生蒸汽，用蒸汽推动汽轮机，使热能变成机械能；也可以用汽轮机带动发电机，使机械能变成电能；如果把电送到工厂、企业、机关、农牧林区和住户，它又可以转换成机械能、光能或热能。

◆对清洁能源的开发利用已迫在眉睫

商品能源和非商品能源。凡进入能源市场作为商品销售的如煤、石油、天然气和电等均为商品能源。国际上的统计数字均限于商品能源。非商品能源主要指薪柴和农作物残余（秸秆等）。

知 识 库

生物质能

生物质是指通过光合作用而形成的各种有机体，包括所有的动植物和微生物。而所谓生物质能（biomass energy），就是太阳能以化学能形式贮存在生物质中的能量形式，即以生物质为载体的能量。

再生能源和非再生能源。人们对一次能源又进一步加以分类。凡是可以不断得到补充或能在较短周期内再产生的能源称为再生能源，反之称为非再生能源。风能、水能、海洋能、潮汐能、太阳能和生物质能等是可再

◆绿色能源离我们还有多远

生能源；煤、石油和天然气等是非再生能源。地热能基本上是非再生能源，但从地球内部巨大的蕴藏量来看，又具有再生的性质。核能的新发展将使核燃料循环而具有增殖的性质。

随着全球各国经济发展对能源需求的日益增加，现在许多发达国家都更加重视对可再生能源、环保能源以及新型能源的开发与研究。同时我们也相信随着人类科学技术的不断进步，专家们会不断开发研究出更多新能源来替代现有能源，以满足全球经济发展与人类生存对能源的高度需求，而且我们能够预计地球上还有很多尚未被人类发现的新能源正等待我们去探寻与研究。

知识窗

核聚变的能比核裂变的能可高出5～10倍，核聚变最合适的燃料重氢（氘）又大量地存在于海水中，可谓“取之不尽，用之不竭”。核能是未来能源系统的支柱之一。

拓展思考

1. 你能说出能源的几种分类方式吗？
2. 你知道为什么说水能也是由太阳能转化而来吗？
3. 你知道煤气按基本形态分是哪种能源呢？
4. 你觉得人类未来还可以使用哪些新能源呢？

有限能源与能耗剧增的矛盾——能源现状

能源告急！从 20 世纪 70 年代，全球第一次能源危机出现之后这一疾呼半个世纪来从未间断过。根据此前的预测，地球上的石油只够用 50 年；煤炭最多用 100 年……能源短缺，已经成为全世界最大的难题之一。如今，全球石油日产量保持在 7500 万桶。但为满足 2015 年的预计需求量，需要开掘每天可增加 6000 万桶石油的新油田。这需要十多个面积等同于欧洲北海油田的新油区。

◆核电站

世界能源供应和消费趋势

根据美国能源信息署（EIA）最新预测结果，随着世界经济、社会的发展，未来世界能源需求量将继续增加。预计，2010 年世界能源需求量将达到 105.99 亿吨油当量，2020 年达到 128.89 亿吨油当量，2025 年达到 136.50 亿吨油当量，年均增长率为 1.2%。欧洲和北美洲两个发达地区能源消费占世界总量的比例将继续呈下降的趋势，而亚洲、中东、中南美洲等地区将保

◆有限的石油资源

持增长态势。伴随着世界能源储量分布集中度的日益增大，对能源资源的争夺将日趋激烈，争夺的方式也更加复杂，由能源争夺而引发冲突或战争的可能性依然存在。

世界能源发展趋势

◆大型强子对撞机可模拟光合作用

◆近年来风能已被越来越多的使用

能源资源按其性质可分为可再生能源资源和非可再生能源资源。近年来，在世界能源消费构成中，占能耗比重最大的是石油，其次是煤和天然气，这些都是非可再生能源资源。若按非可再生矿物能源耗用量的使用率推算，已探明的石油储量将于2010～2035年耗掉80%；而天然气和煤，从现在算起：天然气只能再用40～80年，煤可再用200～300年。并且，由于人类目前的认识和技术水平的局限性等原因，人类对地壳的钻探深度只有1万米左右，不到地球半径的1‰，同时，矿物能源的燃烧还会污染环境，造成环境的污染。因此，一方面要节约使用矿物能源，以延长使用期，加强勘探深层和海底的矿物能源，扩大开采储量，提高认识水平和技术水平，合理合适放物能源，减轻其污染程度；另一方面，要扩大可再生的无污染的常规能源的使用，并开辟新能源。

就目前人类对各种能源的认识和利用而言，常规能源中，水能是可再生的清洁能源，对其开发技术和使用经验比较成熟，但对建设大型水坝而引起的生态环境变化问题仍未彻底解决。新能源中，核能的发展仍未完全

摆脱放射性污染的阴影；太阳能的开发潜力很大，对环境影响最小，但技术尚未突破光电转换效率低的问题；另外对海洋能中的潮汐能、波浪能发电，风能发电，虽有进展，但因其不稳定性，一时难以大规模使用；把海水中的氢变成氢气作为能源，这是一大资源宝库，但因许多技术和认识原因，还处于研究阶段，有待完善。从长远看，充分利用可再生的清洁的常规能源，开发无污染的可再生的新能源是解决能源问题的主要途径，也是世界能源利用的趋向。

◆世界首座潮汐发电站

广角镜——中国可再生资源

中国可再生能源资源丰富。据测算在今后20～30年内，具备开发利用条件的可再生能源预计每年可达8亿吨标准煤。对于风力，国家气象局提供的比较可靠的资料是，中国陆地10米高度可供利用的风能资源为2.53亿千瓦。陆上50米高度可利用的风力资源为5亿多千瓦。现在，大型风机的高度可达100米，这个高度可利用的风能更大。世界上公认，海上的风力资源是陆地上的3～5倍，即使按1倍计算，中国海上风力资源也超过5亿千瓦。所以，中国的风力资源远远超过可利用的水能资源。研究表明，地球地热能的蕴藏量相当于煤炭储量热能的1.7亿倍，可供人类消耗几百亿年。中国地热资源丰富，仅已发现的地热露头点就有3200余处，全年天然放热资源量约折合35.6亿吨标准煤。另外，中国还有比较丰富的生物质能（乙醇、沼气）、海洋能等。

我国的能源浪费

据国家能源研究所估算，我国能源利用效率目前仍然很低，比以发达

◆被肆意破坏的森林

国家为主要成员国的经济合作与发展组织（OECD）国家落后 20 年，相差 10 个百分点；如果生产 100 万美元的产品，中国需要花费的能源是美国生产同样产品耗费能源的 2.5 倍，欧盟的 5 倍，日本的 9 倍。2003 年的钢铁生产中，中国要比美国多消费 10%的能源，中国的电力消费比美国多耗费五分之一的能源，中国空调装置的能耗效率，只有世界平均能耗效率的五分之四。工业锅炉的平均能耗效率只有 60%，低于发达国家 20 个百分点。作为一个能源紧缺的国家，我国的能源浪费十分严重，单位能耗所创造的财富远远低于发达国家。我国创造每单位 GDP 的能耗比国际水平高出许多。

> 我国创造每单位GDP的能耗是世界平均值的3～4倍、日本的11.5倍、美国的4.3倍、法国的7.7倍。

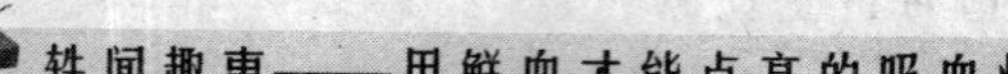

轶闻趣事——用鲜血才能点亮的吸血灯

这是绝对一个疯狂的创意：BloodLamp，看上去就像是装了某种灯油的灯泡，但是当你决定为了光明而作出牺牲的时候，可以将这个瓶子的瓶口敲碎，然后用碎玻璃片割破手指，滴几滴鲜血进去——于是，这只疯狂的“吸血灯”被点亮了！

这款独一无二的灯是由英国设计师迈克·汤姆逊设计的，其原理是利用了化学试剂鲁米诺 luminol（俗称：发光氨）与血红素结合发生化学反应，会显现出蓝绿色荧光的特性。

其实这款看似疯狂的创意灯具，还有着深刻的警示意味：告诫大家要注意环保，减少能

源浪费，否则，将来也许会有这样一天，哪怕是点亮一盏小小的灯，都要付出血的代价。

珍惜能源

只要我们学会高效合理地使用能源，我们能够做到的很多。在全球范围内，如果将现有的节能手段应用到家庭生活、建筑业、服务业、工业和农业中去，我们可以少建 1635 座大型火力发电厂，并使中美两国每年减少一半的温室气体排放。在中国和亚洲其他发展中国家，如果日常生活与服务业减少浪费并提高能效，这些国家可以少建 100 座大型火力发电厂，而将更多资源用来发展绿色清洁能源，以满足人口日益增长的需求，并保障人们的健康。

◆珍惜能源从我做起

拓展思考

1. 你了解世界与中国的能源状况吗？
2. 你觉得现今最大的能源问题是什么？
3. 对于能源浪费你有什么建议吗？

第五能源——节能

◆让我们共同撑起我们的家园

从我国目前的实际情况来看，开发新能源的前景固然广阔，但是以节约能源的方式来减缓能源的消耗在现阶段更加可行并且潜力巨大。节约能源被我国专家视为在我国与煤炭、石油、天然气和电力同等重要的"第五能源"，可以大大节省能源开发的投资。能源利用效率提高、能源消耗量减少的直接效果就是煤炭运输量的减少和污物排放量的降低。因此，节能是今后相当长的一段时期内我国各行各业都必须重视的工作，是我国经济持续、快速、健康发展的重要保证。

全球气候变暖N宗罪

早在1988年，科学家就指出，人类对气候的影响已经构成了"一种并非本意、未经控制的全球性普遍试验，其最终后果可能会仅次于一场全球核战争"。

近年来科学家对全球变暖的影响进行了大量研究，虽然还不能全面预测全球变暖给地球带来

◆无处立足的北极熊

的多种变化，但人类对全球变暖的负面影响已经有了更深入的认识。而导致全球变暖的罪魁祸首便是能源的大量消耗！

节能数据

如将功率为11瓦的高品质节能灯代替60瓦的白炽灯，以每天燃点4小时，推广使用12亿只计算，一年可节电858.48亿千瓦时，比建成后的三峡工程年发电量还多，同时相当于节省3210万吨标准煤的能耗，减少温室气体排放8585万吨；如果全国的机关、学校、企业都采用电子办公，那么每年减少的纸张消耗可达100万吨以上，减少林地消耗20万公顷，同时可以节省造纸消耗能量100多万吨标准煤，直接和间接减少温室气体排放1000多万吨……

能源的爱与愁

◆现代生活对能源依赖更胜

今天，煤炭、石油等化石能源的大量消耗给环境带来了一系列负面影响。能源消耗排放的大量温室气体将加剧全球变暖的问题，同时排放的二氧化硫等气体也使大气质量严重下降，而且酸雨问题严重。

21世纪，能源在世界经济和数十亿人的生活中已经成为了一种巨大的存在。但几乎没有人能够充分理解其关键性，也不明白“能源供应充裕”这一条就确定了工业化国家的现代生活，并使其显著不同于

如果地球平均气温上升4℃，全球就会有30多亿人面临缺水问题。

有专家曾经大声疾呼：“节能，是和煤炭、石油、天然气、电力同等重要的第五种能源。”

传统方式。（这里所指的传统方式，是指受微量的太阳能所束缚，基本上是植物驱动下的人和动物的肌肉力量。）在工业革命以前，人类对煤炭和石油的应用非常少。工业革命实际上改变了世界的能源经济。从能源历史来看，在整个前工业化时期，木材是最主要的能源（而且在发展中国家至今仍然是数亿人的主要能源）。但矿物燃料在 19 世纪末普及以后迅速被列入能轻易获得这些燃料的国家的主要能源预算之中。这首先包括煤炭，然后是石油和天然气。如今全球有效能源的人均消耗大约是前工业化时代的 13 倍。这其中又以开采容易、可塑性强且能量密集的石油最受推崇，它是全世界最大的单项能量来源，大约占了全球能源产量的 37%。同时石油的燃烧也占了二氧化碳——人类产生的主要温室气体——总排放量的 42%。

知 识 库

1998 年世界卫生组织研究发现，世界上空气污染最为严重的 10 个城市，7 个在中国，酸雨造成的经济损失估计高达 130 亿美元，空气污染使得 GDP 减少 3%。

新能源，给人类一条出路

◆开发利用新能源

从很多科学报告中都可以看到这个结论：人类活动消耗的煤炭、石油等化石能源所排放的二氧化碳是近 20 年引起全球变暖最主要的原因。然而，工业革命以来人类对能源的依赖却越来越明显。在这个人类史上史无前例的“能源消费文化”中，数十亿人的健康、福利、兴旺和前景，都直接受到能源的影响，能源可以说已经成为当今最重要的战略商品。在全球化经济中，它将世界各国经济和人民都拴在一起。地球发威，让人们不得不打起十二分的精神来应对。

节能保障——新能源、新技术

发展新能源是一个长久而健康的计划。多元化的能源来源不仅是解决中国能源问题，更是解决世界能源供求问题的发展方向。然而，清洁能源能否代替传统能源、何时能够代替，还都是未知数。

名人名言

我们今天面临的最严重的问题，其严重性甚至超过了恐怖主义威胁。

——英国首席科学顾问戴维·金

展望——全球变暖的可怕影响

全球变暖导致天灾威胁加重——地球“发烧”，热带风暴和飓风的次数和强度都可能增加。

全球变暖导致岛国命运堪忧——地球两极冰雪融化会导致海平面上升，众多岛屿将被淹没，一些岛国可能不复存在，岛上及沿海居民生活受到威胁。

全球变暖导致夏天热浪频袭——有关报告显示，如果全球平均气温上升3℃，北美地区夏天受热浪侵袭的次数将比以往增加3～8倍，世界其他地方与北美情况类似。

全球变暖导致生物链被打乱——由于气候变化，不少动物开始向南部或北部迁移，生物物种活动范围的变化将导致迁入地和迁出地生物链出现混乱，从而对农林业和渔业产生不利影响。

全球变暖导致传染疾病肆虐——由于全球变暖，许多通过昆虫、食物和水传播的传染性疾病的传播范围将扩大，并对贫困地区的人口造成显著影响。

全球变暖致使经济发展蒙上阴影——据统计，20世纪90年代，全球发生的重大气象灾害比50年代多5倍，因此造成的年均经济损失从60年代的40亿美元飙升至290亿美元。

第五种能源——节能

在能源问题日益激化和尖锐的今天，人们开始了另一种尝试，在现有的能源使用中寻求变化，那就是被称作第五类能源的节能。相比较于可再

低碳生活，在路上……

◆让我们一起为节能减排开始行动

生能源的高成本投入，能源节约的执行更为直接，所带来的经济回报和环境回报更加明显。在能源消耗中，家庭能源消耗占总消耗的25%。因此提高全社会的节能意识，倡导能源节约的可持续生活方式就显得更为重要。

在今天，能源危机与能源危害接踵而来，严重影响着社会进步和人类生活，而新能源开发和利用的步伐似乎仍显缓慢，第五能源——节能便越来越重要。而一种可持续发展的新生活方式，又是否会被地球居民普及？

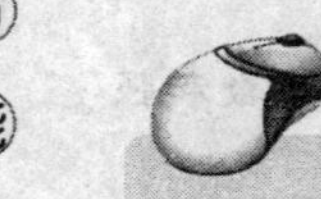

点击——中国能源消耗

目前，中国正在成为仅次于美国的最大能源消费国。自1980年以来，快速的经济增长刺激了能源生产和消费的显著增长。2003～2004年能源消费增速超过GDP增速5～6个百分点，能源消费弹性系数恶化至1.6。而且能源对经济发展的束缚越来越明显，油荒、煤荒、电荒，似乎一夜之间凸显在人们面前，能源的供求方面出现了严峻的局面。随着中国经济的持续快速增长，以及在钢铁、水泥、房地产等领域投资的大幅增长，中国的能源消耗强度将继续升高。根据剑桥能源研究所（CERA）的预测，在2004～2020年之间，中国对一次能源的需求将会翻一番。

拓展思考

1. 你知道全球变暖对地球的影响吗？
2. 你知道什么是第五能源吗？
3. 你是否知道中国的能源消耗现状？
4. 你觉得解决能源问题有哪些方式？

不竭之源
——太阳能的利用

随着经济的发展、社会的进步，人们对能源提出越来越高的要求，寻找新能源成为当前人类面临的迫切课题。太阳能既是一次能源，又是可再生能源。它资源丰富，既可免费使用，又无需运输，对环境无任何污染。为人类创造了一种新的生活形态，使社会及人类进入一个节约能源减少污染的时代。

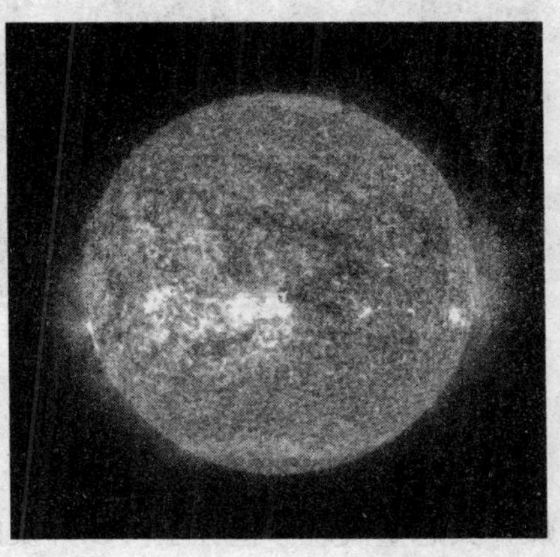

◆太阳系的核心

什么是太阳能

太阳能（Solar Erergy），一般是指太阳光的辐射能量，在现代一般用作发电。自地球上形成生物后生物就主要以太阳提供的热和光生存，而自古人类也懂得以阳光晒干物件，并作为保存食物的方法，如制盐和晒咸鱼等。但在化石燃料减少下，才有意把太阳能进一步发展。太阳能的利用有被动式利用（光热转换）和主动式利用（光电转换）两种方式。太

◆取之不尽的洁净能源

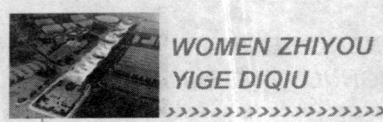

阳能发电是一种新兴的可再生能源。在广义上讲太阳能是地球上许多能量的来源，如风能、化学能、水的势能等等。

太阳能的特点

◆美国最大太阳能发电项目竣工

优点：

1. 普遍：太阳光普照大地，没有地域的限制。无论陆地或海洋，无论高山或岛屿，都处处皆有，可直接开发和利用，且勿须开采和运输。

2. 无害：开发利用太阳能不会污染环境，它是最清洁的能源之一，在环境污染越来越严重的今天，这一点是极其宝贵的。

3. 巨大：每年到达地球表面上的太阳辐射能约相当于130万亿吨标准煤，其总量属现今世界上可以开发的最大能源。

4. 长久：只根据目前太阳产生的核能速率估算，氢的储量足够维持上百亿年，而地球的寿命只约为几十亿年，从这个意义上讲，可以说太阳的能量是用之不竭的。

历史典故

近代太阳能利用历史可以从1615年法国工程师所罗门·德·考克斯在世界上发明第一台太阳能驱动的发动机算起。该发明是一台利用太阳能加热空气使其膨胀做功而抽水的机器。在1615～1900年之间，世界上又研制成多台太阳能动力装置和一些其他太阳能装置。这些动力装置几乎全部采用聚光方式采集阳光，发动机功率不大，工质主要是水蒸气，价格昂贵，实用价值不大，大部分为太阳能爱好者个人研究制造。

◆太阳能与风能共用的路灯

缺点：

1. 分散性：到达地球表面的太阳辐射的总量尽管很大，但是能流密度很低。因此，在利用太阳能时，想要得到一定的转换功率，往往需要面积相当大的一套收集和转换设备，造价较高。

2. 不稳定性：由于受到昼夜、季节、地理纬度和海拔高度等自然条件的限制，以及晴、阴、云、雨等随机因素的影响。所以，到达某一地面的太阳辐照度既是间断的，又是极不稳定的，这给太阳能的大规模应用增加了难度。

3. 效率低和成本高：目前太阳能利用的发展水平，有些方面在理论上是可行的，技术上也是成熟的。但有的太阳能利用装置，因为效率偏低，成本较高，总的来说，经济性还不能与常规能源相竞争。在今后相当一段时期内，太阳能利用的进一步发展，主要受到经济性的制约。

就目前情况来说，人类直接利用太阳能还处于初级阶段，主要有太阳能发电、太阳能集热、太阳能热水系统、太阳能暖房等方式。

太阳能发电

太阳能光伏

光伏板组件是一种暴露在阳光下便会产生直流电的发电装置，由几乎全部以半导体物料（例如硅）制成的薄身固体光伏电池组成。由于没有活动的部分，故可以长时间工作而不会导致任何损耗。简单的光伏电池可为手表及计算机提供能源，较复杂的光伏

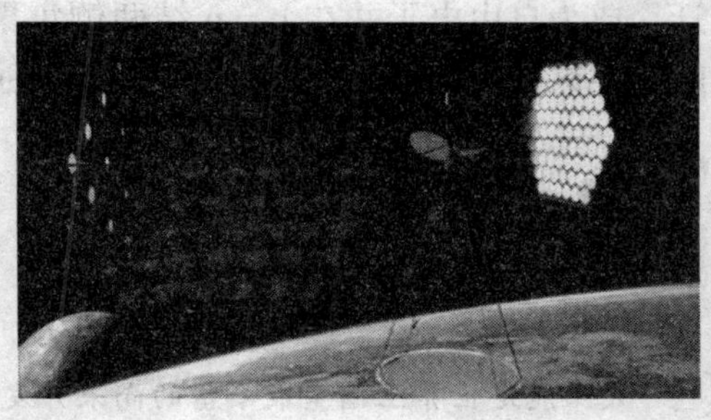
◆太空太阳能

> 能产生光伏效应的材料有许多种，如：单晶硅、多晶硅、非晶硅、砷化镓、硒铟铜等。

系统可为房屋提供照明，并为电网供电。光伏板组件可以制成不同形状，而组件又可连接，以产生更多电力。近年，建筑物表面均会使用光伏板组件，甚至被用作窗户、天窗或遮蔽装置的一部分，这些光伏设施通常被称为附设于建筑物的光伏系统。

知识库——光伏效应

“光生伏特效应”，简称“光伏效应”。指光照使不均匀半导体或半导体与金属结合的不同部位之间产生电位差的现象。它首先是由光子（光波）转化为电子、光能量转化为电能量的过程；其次，是形成电压的过程。有了电压，就像筑高了大坝，如果两者之间连通，就会形成电流的回路。

太阳能电池发电原理

太阳电池是一对光有响应并能将光能转换成电能的器件。它们的发电原理基本相同，现以晶体硅为例描述光发电过程。P型晶体硅经过掺杂磷可得N型硅，形成p-n结。

> 这个过程的的实质是：光子能量转换成电能的过程。

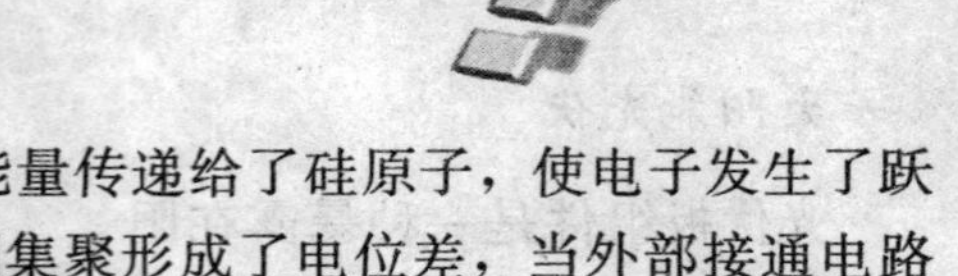

当光线照射太阳能电池表面时，一部分光子被硅材料吸收，光子的能量传递给了硅原子，使电子发生了跃迁，成为自由电子并在p—n结两侧集聚形成了电位差，当外部接通电路时，在该电压的作用下，将会有电流流过外部电路产生一定的输出功率。

广角镜——太阳能气球

太阳能是世界上储量最丰富的尚未开发的新能源。硅基太阳能电池能把太阳能转换为电能，但效率并不高。我们能利用镜子汇聚额外的阳光以提高产能，但

该做法十分昂贵且需要占用宝贵的土地。因此Cool Earth太阳能公司推出了一项不寻常的解决方案——太阳能气球。

这家位于加州的公司在巨大的充气气球内置入悬浮光电池，他们认为，这种利用太阳能的方式比煤电更便宜。这种气球的塑料膜能像金属镜一样把阳光汇聚到光电池上，但价格只有金属镜价格的一小部分。在多个气球串联在一起的情况下，每个气球能产生500瓦的功率。该公司创始人埃里克·卡明斯说："我们的目标是提供一种清洁能源方案，以解决全球范围内的碳排放危机。"

太阳能热利用

太阳能集热器

太阳能热水器装置通常包括太阳能集热器、储水箱、管道及抽水泵等部件。另外在冬天需要热交换器和膨胀槽以及发电装置以备电厂不能供电之需。太阳能集热器(solar collector)在太阳能热系统中，是接受太阳辐射并向传热工质传递热量的装置。按传热工质可分为液体集热器和空气集热器。按采光方式可分为聚光型集热器和吸热型集热器两种。另外还有一种真空集热器。一个好的太阳能集热器应该能用20～30年。自大约1980年以来所制作的集热器更可维持40～50年且很少进行维修。

◆利用太阳能烧水

暖房

利用太阳能冬天作房间暖房之用，在许多寒冷地区已使用多年。因寒带地区冬季气温甚低，室内必须有暖气设备，为了节省大量化石能源的消耗，必须设法应用太阳辐射热。大多数太阳能暖房使用热水系统，亦有使用热空气系统的。太阳能暖房系统是由太阳能收集器、热储存装置、辅助能源系统，以及室内暖房风扇系统所组成。其过程是太阳辐射热传导，经收集器内的工作流体将热能储存，再供热至房间。也可不用储热装置而直接将热能用

◆利用太阳能取暖的西藏地区学生宿舍

◆太阳能气球

到暖房的直接式暖房设计，或者将太阳能直接用于热电或光电方式发电，再加热房间。最常用的暖房系统为太阳能热水装置，其将热水通至储热装置之中，然后利用风扇将室内或室外空气驱动至储热装置中吸热，再把热空气传送至室内；或利用另一种液体流至储热装置中吸热，当热液体流至室内管道，再利用风扇吹送被加热的空气至室内，而达到暖房效果。

太阳能热水系统

早期最广泛的太阳能应用仅用于将水加热，现今全世界已有数百万太阳能热水装置。太阳能热水系统主要元件包括收集器、储存装置及循环管路三部分。此外，可能还有辅助的能源装置（如电热器等）以供应无日照时使用；另外尚可能有强制循环用的水，以控制水位或控制电动部份或温度的装置以及接到负载的管路等。依循环方式太阳能热水系统可分两种：1. 自然循环式；2. 强制循环式。

◆太阳能热水器已被越来越多的家庭使用

人类的终极能源——氢能

◆蕴涵巨大能量的氢

氢能作为一种清洁、高效、安全、可持续的新能源，被视为21世纪最具发展潜力的能源。多年来世界发达国家的科研和生产实践也已证明氢能是摆脱对石油依赖的最经济有效的能源，有关专家甚至认为氢能将是主宰未来世界的主要能源。

什么是氢能

化学元素氢（H——Hydrogen），在元素周期表中位于第一位，它是所有原子中最细小的。众所周知，氢原子与氧原子结合成水，但氢通常的单质形态是氢气（H_2），它是无色无味，极易燃烧的双原子气体。氢气是最轻的气体。氢是宇宙中最常见的元素，氢及其同位素占到了太阳总质量的84%，宇宙质量的75%都是氢。

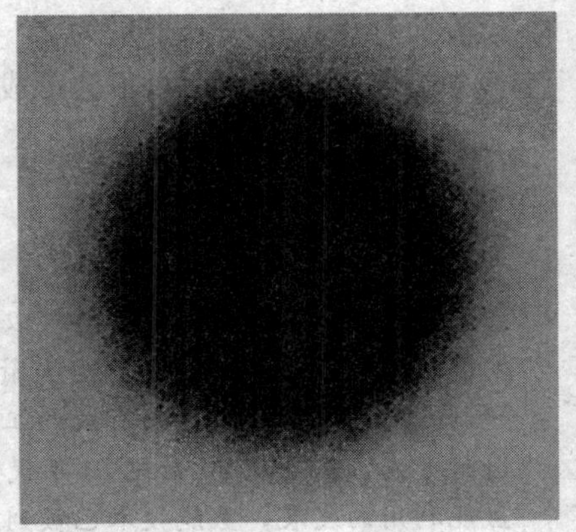

◆氢原子电子云

氢能（hydrogen energy）是通过氢气和氧气反应所产生的能量。氢能是氢的化学能。氢在地球上主要以化合态的形式出现，是宇宙中分布最广

◆氢动力燃料飞机

每千克氢气燃烧后的热量，约为同量的汽油的3倍，酒精的3.9倍，焦炭的4.5倍。

泛的物质，它构成了宇宙质量的75%。氢能是一种二次能源，它是通过一定的方法利用其他能源制取的，而不像煤、石油和天然气等可以直接从地下开采。随着化石燃料耗量的日益增加，其储量日益减少，终有一天这些资源将要枯竭，这就迫切需要寻找一种不依赖化石燃料的储量丰富的新的含能体能源。氢正是这样一种在常规能源危机出现时，人们期待的新的二次能源。氢能具有以下主要优点：燃烧热值高。氢气燃烧的产物是水，是世界上最干净的能源；资源丰富，氢气可以由水制取，而水是地球上最为丰富的物质。目前，氢能技术在美国、日本、欧盟等国家和地区已进入系统实施阶段。

氢能的特点

安全环保：氢气分子量为2，密度是空气的1/14。因此，氢气泄漏于空气中会自动逃离地面，不会形成聚集。而其他燃油燃气均会聚集地面而

历史典故

中国对氢能的研究与发展可以追溯到20世纪60年代初，中国科学家为发展本国的航天事业，对作为火箭燃料的液氢的生产、H_2/O_2燃料电池的研制与开发进行了大量而有效的工作。将氢作为能源载体和新的能源系统进行开发，则是从20世纪70年代开始的。现在，为进一步开发氢能，推动氢能利用的发展，氢能技术已被列入《科技发展“十五”计划和2015年远景规划（能源领域）》。

◆我们需要清洁的能源

构成易燃易爆危险。氢气无味无毒，不会造成人体中毒，燃烧产物仅为水，不污染环境。

高温高能：1千克氢气的热值为34000卡，是同量汽油的3倍。氢氧焰温度高达2800℃，高于常见燃气的燃烧外焰温度。

热能集中：氢氧焰火焰挺直，热损失小，利用效率高。

自动再生：氢能来源于水，燃烧后又还原成水。

催化特性：氢气是活性气体催化剂，可以与空气混合方式加入催化燃烧所有固体、液体、气体燃料。加速反应过程，促进完全燃烧，达到提高焰温、节能减排之功效。

还原特性：可用于各种原料加氢精炼。

变温特性：可根据加热物体的熔点实现焰温的调节。

来源广泛：氢气可由水电解制取，水取之不尽，而且每千克水可制备1860升氢氧燃气。

即产即用：利用先进的自动控制技术，由氢氧机按照用户的设定，实现按需供气，不贮存气体。

应用范围广：适合于一切需要燃气的地方。

广角镜——氢能行业发展概况

氢能作为一种清洁、高效、安全、可持续的新能源，被视为21世纪最具发展潜力的清洁能源，是人类的战略能源发展方向。世界各国如冰岛、中国、德国、日本和美国等不同的国家之间在氢能交通工具的商业化的方面已经出现了激烈的竞争。虽然其他利用形式是可能的（例如取暖、烹饪、发电、航行器、机车），但氢能在小汽车、卡车、公共汽车、出租车、摩托车和商业船上的应用已经成为焦点。

氢能的开发与利用

依靠氢能可上天

至1928年，德国齐柏林公司利用氢的巨大浮力，制造了世界上第一艘“LZ—127齐柏林”号飞艇，首次把人们从德国运送到南美洲，实现了空中飞渡大西洋的航程。更先进的是20世纪50年代，美国利用液氢作超音速和亚音速飞机的燃料，使B57双引擎轰炸机改装了氢发动机，实现了氢能飞机上天。特别是1957年前苏联宇航员加加林乘坐人造地球卫星遨游太空和1963年美国的宇宙飞船上天，紧接着1968年阿波罗号飞船实现了人类首次登上月球的创举。这一切都依靠氢燃料的功劳。面向科学的21世纪，先进的高速远程氢能飞机和宇航飞船商业运营的日子已为时不远。

◆氢气艇

利用氢能可开车

以氢气代替汽油作汽车发动机的燃料，已经过日本、美国、德国等许多汽车公司的试验，技术是可行的，目前主要是廉价氢的来源问题。氢是一种高效燃料，每公斤氢燃烧所产生的能量为33.6千瓦时，几乎等于汽油燃烧的2.8倍。氢气燃烧不仅热值高，而且火焰传播速度快，点火能量低（容易点着），所

◆氢能汽车

以氢能汽车比汽油汽车总的燃料利用效率可高20%。当然，氢的燃烧主要生成物是水，只有极少的氮氧化物，绝对没有汽油燃烧时产生的一氧化碳、二氧化碳和二氧化硫等污染环境的有害成分。

燃烧氢气能发电

◆氢能发电

◆氢能燃料电池

大型电站，无论是水电、火电或核电，都是把发出的电送往电网，由电网输送给用户。但是各种用电户的负荷不同，电网有时是高峰，有时是低谷。为了调节峰荷、电网中常需要启动快和比较灵活的发电站，氢能发电就最适合抢演这个角色。利用氢气和氧气燃烧，组成氢氧发电机组。这种机组是火箭型内燃发动机配以发电机，它不需要复杂的蒸汽锅炉系统，因此结构简单，维修方便，启动迅速，要开即开，欲停即停。在电网低负荷时，还可吸收多余的电来进行电解水，生产氢气和氧气，以备高峰时发电用。这种调节作用对于电网运行是有利的。

氢燃料电池技术

氢燃料电池技术，一直被认为是利用氢能，解决未来人类能源危机的终极方案。上海一直是中国氢燃料电池研发和应用的重要基地，包括上汽、上海神力、同济大学等企业、高校，也一直在从事研发氢燃料电池和氢能车辆。随着中国经济的快速发展，汽车工业已经成为中国的支柱产业之一。2007年中国已成为世界第三大汽车生产国和第二大汽车市场。与此同时，每年汽车燃油消耗也达到8000万吨，约占中国石油总需求量的1/4。

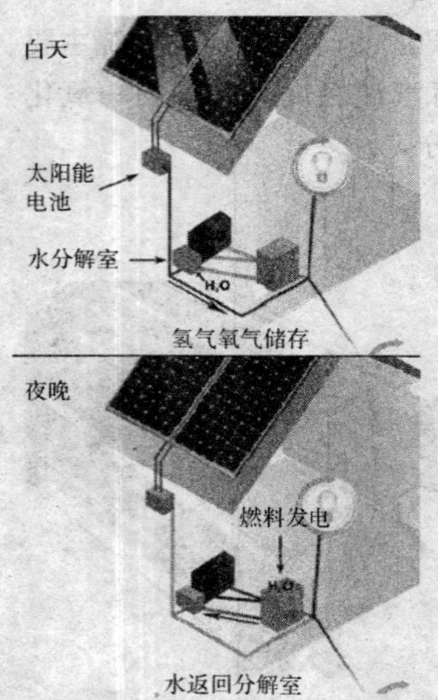

◆水返回分解室

在能源供应日益紧张的今天，发展新能源汽车已迫在眉睫。用氢能作为汽车的燃料无疑是最佳选择。

许多科学家认为，氢能在21世纪有可能在世界能源舞台上成为一种举足轻重的二次能源。氢能是一种二次能源，因为它是通过一定的方法利用其他能源制取的，而不象煤、石油和天然气等可以直接从地下开采。在自然界中，氢已和氧结合成水，必须用热分解或电分解的方法把氢从水中分离出来。如果用煤、石油和天然气等燃烧所产生的热或所转换成的电来分解水制氢，那显然是划不来的。现在看来，高效率的制氢的基本途径，是利用太阳能。如果能用太阳能来制氢，那就等于把无穷无尽的、分散的太阳能转变成了高度集中的干净能源了，其意义十分重大。利用太阳能制氢有重大的现实意义，但这却是一个十分困难的研究课题，有大量的理论问题和工程技术问题要解决，然而世界各国都十分重视，投入不少的人力、财力、物力，并且业已取得了多方面的进展。可以相信，以太阳能制得的氢能，将成为人类普遍使用的一种优质、干净的燃料。

知 识 窗

目前利用太阳能分解水制氢的方法有太阳能热分解水制氢、太阳能发电电解水制氢、阳光催化光解水制氢、太阳能生物制氢等等。

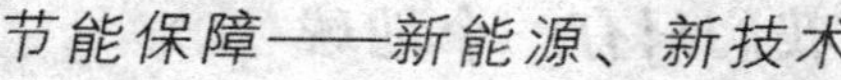

可再生的碳源
——生物质能

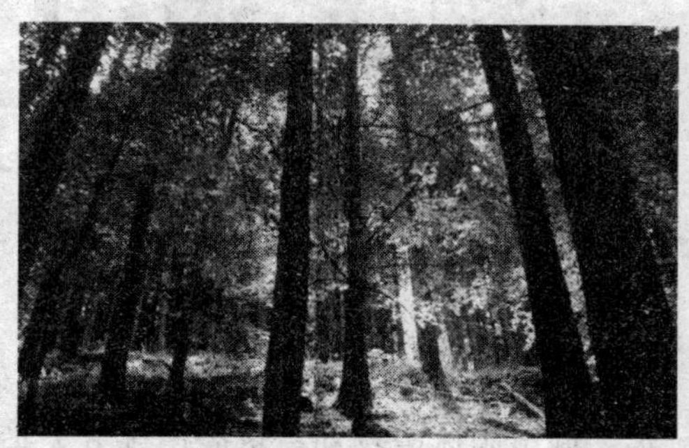
◆我国有着丰富的生物质能

生物质能一直是人类赖以生存的重要能源，它是仅次于煤炭、石油和天然气而居于世界能源消费总量第四位的能源，在整个能源系统中占有重要地位。有关专家估计，生物质能极有可能成为未来可持续能源系统的组成部分，到下世纪中叶，采用新技术生产的各种生物质替代燃料将占全球总能耗的40%以上。中国是一个人口大国，又是一个经济迅速发展的国家，21世纪将面临着经济增长和环境保护的双重压力。因此改变能源生产和消费方式，开发利用生物质能等可再生的清洁能源资源，对建立可持续的能源系统、促进国民经济发展和环境保护具有重大意义。

什么是生物质能

生物质是指通过光合作用而形成的各种有机体，包括所有的动植物和

小博士

化学能是物体发生化学反应时所释放的能量，是一种很隐蔽的能量，它不能直接用来做功，只有在发生化学变化的时候才释放出来，变成热能或者其他形式的能量。

◆生物质能研究

微生物。而所谓生物质能（biomass energy），就是太阳能以化学能形式贮存在生物质中的能量形式，即以生物质为载体的能量。它直接或间接地来源于绿色植物的光合作用，可转化为常规的固态、液态和气态燃料，取之不尽、用之不竭，是一种可再生能源，同时也是唯一一种可再生的碳源。生物质能的原始能量来源于太阳，所以从广义上讲，生物质能是太阳能的一种表现形式。

依据来源的不同，可以将适合于能源利用的生物质分为林业资源、农业资源、生活污水和工业有机废水、城市固体废物和畜禽粪便等五大类。生物质能具有以下特点：1. 可再生性；2. 低污染性；3. 广泛分布性；4. 生物质燃料总量十分丰富。

链接——生物质资源储量

生物质能是世界第四大能源，仅次于煤炭、石油和天然气。根据生物学家估算，地球陆地每年生产1000亿～1250亿吨生物质；海洋年生产500亿吨生物质。生物质能源的年生产量远远超过全世界总能源需求量，相当于目前世界总能耗的10倍。我国可开发为能源的生物质资源到2010年可达3亿吨。随着农林业的发展，特别是炭薪林的推广，生物质资源还将越来越多。

生物质能资源

森林能源

森林能源是森林生长和林业生产过程提供的生物质能源，主要是薪

材，也包括森林工业的一些残留物等。森林能源在我国农村能源中占有重要地位，而在丘陵、山区、林区，农村生活用能的50%以上靠森林能源。薪材来源于树木生长过程中修剪的枝杈，木材加工的边角余料，以及专门提供薪材的炭薪林。

◆枯树枝也是资源

农作物秸秆

农作物秸秆是农业生产的副产品，也是我国农村的传统燃料。秸秆资源与农业主要是种植业生产关系十分密切。在较为接近商品能源产区的农村地区或富裕的农村地区，商品能源（如煤、液化石油气等）已成为其主要的炊事用能。以传统方式利用的秸秆首先成为被替代的对象，致使被弃于地头田间直接燃烧的秸秆量逐年增大，许多地区废弃秸秆量已占总秸秆量的60%以上，既危害环境，又浪费资源。因此，加快秸秆的优质化转换利用势在必行。

◆燃烧秸秆的烟雾遮天蔽日

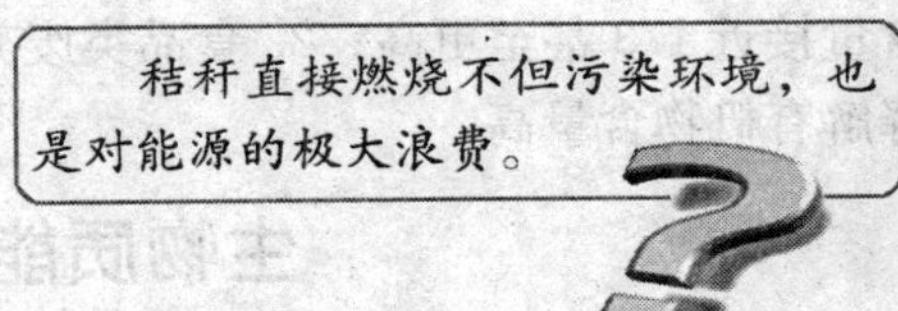

秸秆直接燃烧不但污染环境，也是对能源的极大浪费。

禽畜粪便

禽畜粪便也是一种重要的生物质能源。除在牧区有少量的直接燃烧外，禽畜粪便主要是作为沼气的发酵原料。中国主要的禽畜是鸡、猪和牛，根据这些禽畜品种、体重、粪便排泄量等因素，可以估算出粪便资源量。在粪便资源中，大中型养殖场的粪便是更便于集中开发、规模化利用的。

◆禽畜粪便也是一种重要的生物质能源

◆垃圾的合理处理迫在眉睫

生活垃圾

随着城市规模的扩大和城市化进程的加速，中国城镇垃圾的产生量和堆积量逐年增加。城镇生活垃圾主要是由居民生活垃圾，商业、服务业垃圾和少量建筑垃圾等废弃物所构成的混合物，成分比较复杂，其构成主要受居民生活水平、能源结构、城市建设、绿化面积以及季节变化的影响。中国大城市的垃圾构成已呈现向现代化城市过渡的趋势，有以下特点：1. 垃圾中有机物含量接近1/3甚至更高；2. 食品类废弃物是有机物的主要组成部分；3. 易降解有机物含量高。

> 目前中国城镇垃圾热值在4.18兆焦/千克（1000千卡/千克）左右。

节能和低碳生活方式

生物质能的利用

◆漂亮的垃圾发电厂

生物质能一直是人类赖以生存的重要能源，它是仅次于煤炭、石油和天然气而居于世界能源消费总量第四位的能源，在整个能源系统中占有重要地位。有关专家估计，生物质能极有可能成为未来可持续能源系统的组成部分。

点击——生物质能的利用

目前人类对生物质能的利用，包括直接用作燃料的有农作物的秸秆、薪柴等；间接作为燃料的有农林废弃物、动物粪便、垃圾及藻类等。它们通过微生物作用生成沼气，或采用热解法制造液体和气体燃料，也可制造生物炭。生物质能是世界上最为广泛的可再生能源。据估计，每年地球上仅通过光合作用生成的生物质总量就达1440～1800亿吨（干重），其能量约相当于20世纪90年代初全世界总能耗的3～8倍。但是尚未被人们合理利用，多半直接当薪柴使用，效率低，影响生态环境。现代生物质能的利用是通过生物质的厌氧发酵制取甲烷，用热解法生成燃料气、生物油和生物炭，用生物质制造乙醇和甲醇燃料，以及利用生物工程技术培育能源植物，发展能源农场。

1. 你知道什么是生物质能吗？
2. 你能说说生物质能有哪些特点吗？
3. 联系生活你觉得有哪些可利用的生物质能？
4. 你觉得生物质能的大量使用是否可行？

室温调节新趋势——地源热泵

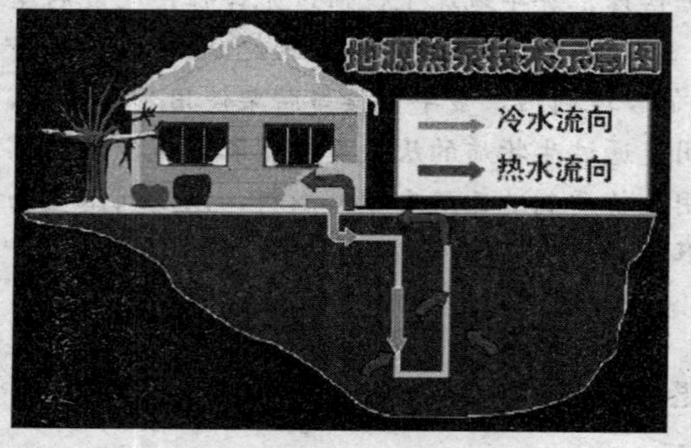

◆地源热泵技术示意图

随着科技的进步，关于能源消耗和环境污染的法律制订越来越严格，地源热泵的发展迎来了它的另一次高潮。欧洲国家以瑞士、瑞典和奥地利等国家为代表，大力推广地源热泵供暖和制冷技术。政府采取了相应的补贴政策和保护政策，使得地源热泵生产和使用范围迅速扩大。

地源热泵简介

地源热泵是利用浅层地能进行供热制冷的新型能源利用技术，是热泵的一种，热泵是利用卡诺循环和逆卡诺循环原理转移冷量和热量的设备。地源热泵通常是指能转移地下土壤中热量或者冷量到所需要的地方。通常热泵都是用来作为空调制冷或者采暖用的。地源热泵还利用了地下土壤巨大的蓄热蓄冷能力，冬季地源热泵把热量从地下土壤中转移到建筑物内，夏季再把地下的冷量转移到建筑物内，一个年度形成一个冷热循环。

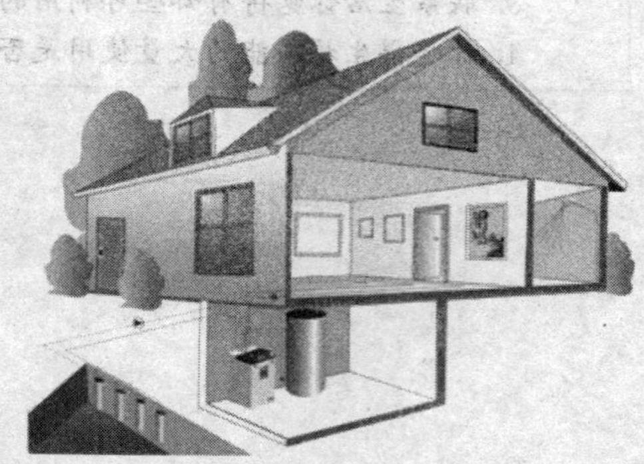
◆地源热泵安装示意图

知识库——卡诺循环（Carnot cycle）

卡诺循环（Carnot cycle）是由法国工程师尼古拉·莱昂纳尔·萨迪·卡诺于1824年提出的，用以分析热机的工作过程。卡诺循环包括四个步骤：等温膨胀，在这个过程中系统从环境中吸收热量；绝热膨胀，在这个过程中系统对环境作功；等温压缩，在这个过程中系统向环境中放出热量；绝热压缩，系统恢复原来状态。在这个过程中系统对环境作负功。即理想气体从状态1（p_1，v_1，t_1）等温膨胀到状态2（p_2，v_2，t_2），再从状态2绝热膨胀到状态3（p_3，v_3，t_3），此后，从状态3等温压缩到状态4（p_4，v_4，t_4），最后从状态4绝热压缩回到状态1。这种由两个等温过程和两个绝热过程所构成的循环成为卡诺循环。

地源热泵的工作原理

制冷模式

在制冷状态下，地源热泵机组内的压缩机对冷媒做功，是对其进行汽—液转化的过程。通过蒸发器内冷媒的蒸发将由风机盘管循环所携带的热量吸收至冷媒中，在冷媒循环同时再通过冷凝器内冷媒的冷凝，由水路循环将冷媒所携带的热量吸收，最终由水路循环转移至地表水、地下水或土壤里。在室内热量不断转移至地下的过程中，通过风机盘管，以13℃以下的冷风的形式为房间制冷。

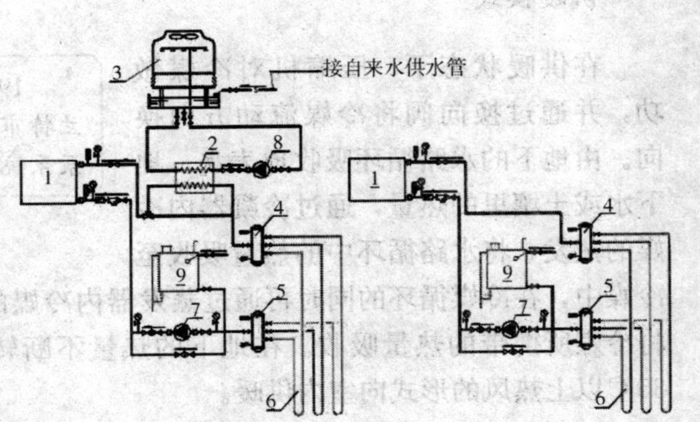

◆地源热泵技术示意图

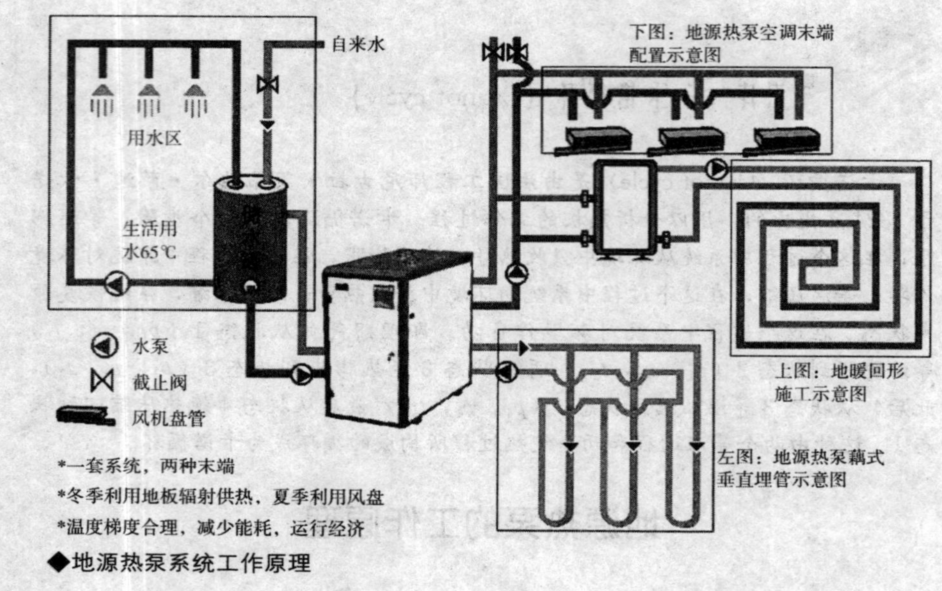

◆地源热泵系统工作原理

供暖模式

> 1946年美国在俄勒冈州的波兰特市中心区建成第一个地源热泵系统。

在供暖状态下，压缩机对冷媒做功，并通过换向阀将冷媒流动方向换向。由地下的水路循环吸收地表水、地下水或土壤里的热量，通过冷凝器内冷媒的蒸发，将水路循环中的热量吸收至冷媒中，在冷媒循环的同时再通过蒸发器内冷媒的冷凝，由风机盘管循环将冷媒所携带的热量吸收。在地下的热量不断转移至室内的过程中，以35℃以上热风的形式向室内供暖。

地源热泵空调的优点

高效节能，稳定可靠

地能或地表浅层地热资源的温度一年四季相对稳定，土壤与空气温差

◆地源热泵安装机组

◆地源热泵技术让我们的家更节能更舒适

一般为17℃，冬季比环境空气温度高，夏季比环境空气温度低，是很好的热泵热源和空调冷源，这种温度特性使得地源热泵比传统空调系统运行效率要高40%～60%，因此要节能和节省运行费用40%～50%左右。通常地源热泵消耗1千瓦的能量，用户可以得到5千瓦以上的热量或4千瓦以上冷量，所以我们将其称为节能型空调系统。

无环境污染

地源热泵的污染物排放，与空气源热泵相比，相当于减少40%以上，与电供暖相比，相当于减少70%以上，真正地实现了节能减排。

> 地源热泵的地下埋管选用聚乙烯和聚丙烯塑料管，寿命可达50年。使用寿命要比普通空调高35年。

一机多用

地源热泵系统可供暖、制冷，还可供生活热水，一机多用，一套系统可以替换原来的锅炉加空调的两套装置或系统。

维护费用低

地源热泵系统运动部件要比常规系统的少，因而减少维护；系统安装在室内，不暴露在风雨中，也可免遭损坏，更加可靠，延长寿命。

◆智能节约的现代家居

节省空间

没有冷却塔、锅炉房和其他设备，省去了锅炉房，冷却塔占用的宝贵的地面和空间，产生附加经济效益，并改善了环境外部形象。

总之，地源热泵系统的能量来源于自然能源。它不向外界排放任何废气、废水、废渣，是一种理想的“绿色空调”，被认为是目前可使用的对环境最友好和最有效的供热、供冷系统。该系统无论严寒地区或热带地区均可应用。可广泛地应用在办公楼、宾馆、学校、宿舍、医院、饭店、商场、别墅、住宅等领域。

知识窗

从地源热泵应用情况来看，北欧国家主要偏重于冬季采暖，而美国则注重冬夏联供。由于美国的气候条件与中国的气候条件很相似，因此研究美国的地源热泵应用情况，对我国地源热泵的发展有着借鉴意义。

广角镜——地源热泵的起源

地源一词是从英文“ground source”翻译而来的，汉语的内涵则十分广泛，应包括所有地下资源的含义。但在空调业内，目前仅指地壳表层（浅于400米）范围内的低温热资源，它的热源主要来自太阳能，极少能量来自地球内部的地热能。

“地源热泵”的概念，最早于1912年由瑞士的专家提出，而该技术的提出始于英、美两国。

1946年美国在俄勒冈州的波兰特市中心区建成第一个地源热泵系统。但是

这种能源的利用方式没有引起当时社会各界的广泛注意，无论是在技术、理论上都没有太大的发展。

20世纪50年代，欧洲开始了研究地源热泵的第一次高潮，但由于当时的能源价格低，这种系统并不经济，因而未得到推广。直到20世纪70年代初世界上出现了第一次能源危机，它才开始受到重视，许多公司开始了地源热泵的研究、生产和安装。这一时期，欧洲建立了很多水平埋管式土壤源热泵，主要用于冬季供暖。虽然欧洲是世界上发展地源热泵最成熟的地区，但是它也曾因为热泵专家不懂安装技术，安装工人又不懂热泵原理等因素，致使地源热泵的发展走了一段弯路。

20世纪80年代后期，地源热泵技术已经趋于成熟，更多的科学家致力于地下系统的研究，努力提高热吸收和热传导效率，同时越来越重视环境的影响问题。地源热泵生产呈现逐年上升趋势，瑞士和瑞典的年递增率超过10%。美国的地源热泵生产和推广速度很快，技术产生了飞速的发展，成为世界上地源热泵生产和使用的头号大国。

1. 地源热泵的研究是何时开始的呢？
2. 你能说说地源热泵工作的大致原理吗？
3. 地源热泵会使我们的生活有什么改变呢？
4. 地源热泵空调有哪些优点？

节能卫士
——节能装置种类多

◆爱地球就是爱自己

电能是人们日常生活和企业生产必不可少的能源。近年来，全国电力供求持续偏紧，用电形势十分严峻，故大力开展节约用电工作成为缓解供电紧张的当务之急。电力由煤炭、石油、天然气等转化而形成，而目前我国的能源紧张，并且对这些资源的开发带来的是对环境的污染，因此只有节电才能相应地减少煤炭等不可再生资源消耗，才能对环境做出贡献，因此节电的意义重大。

什么是智能化节能装置

智能化节电装置，根据其节能原理及适配负载的不同，可以分为以下三类：

1. 空调专用型智能化节电装置：

空调专用型智能化节电装置是为供暖、通风、中央空调、水处理等系统的节能降耗而定量定制的高科技产品。其选用当今世界较先进

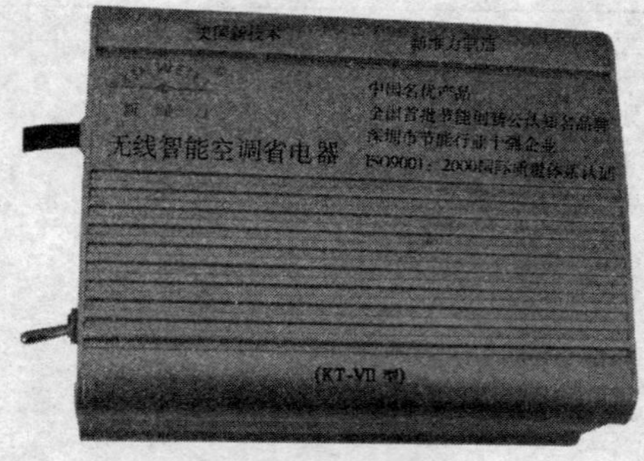

◆空调专用型智能化节电装置

◆交流会上的电机专用型智能化节电装置

的专用变频器，采用具有国际先进水平的、较简单的可编程技术和操作方法，自动调节水泵电机、风机转速，从而使系统始终保持在最经济的运行状态，平均节电率为20%～60%。

2. 电机专用型智能化节电装置：

电机专用型智能化节电装置是为在负载变化频繁、电网电压波动较大、电源中谐波含量较高的特殊场合工作的电机而量身定制的高科技节能产品。其功能主要是采用信号采集存储，实时跟踪负荷变化，节电率可达20%以上。

电机专用型智能化节能装置主要部分均采用进口元器件，在吸收国内外先进的节电技术的基础上，融合世界先进的微电脑控制技术、智能调压技术，来抑制高次谐波、降低设备频繁起动所产生的峰值电流，平衡、修复供电电源的波形，实现提高设备的可靠性，以及使用设备过程中的安全性，进而实现节能的目的。

3. 照明专用型智能化节电装置：

照明专用型智能化节电装置是为楼宇、高杆照明等照明系统专业定制的高科技节能产品。照明专用型智能化节能装置是以现代控制理论为指导，融合国际先进的微机技术：电压采样技术、计算机技术和功率因数控制技术，对楼宇、高杆路灯照明等供电系统的电能质量进行处理、优化，在不影响照明设备正常使用和照明效果的前提下，自动选择输出一个最优的照明功率，进而达到节约电能和延长用电设备使用寿命的双重功效。

◆照明专用型智能化节电装置

空调专用节电装置

◆节能电器让我们付出更少的电享受舒适生活

空调专用型智能化节电装置的特点是：运行成本和维护成本最低化、能源利用效率最大化、环境保护最优化。这些特点也充分满足了现代智能化酒店、楼宇能源管理系统对空调及水处理系统的要求。

安装空调专用型智能化节电装置之后，不但可以实现设备的平滑起动，降低设备的运行噪音，延长设备使用寿命，而且还可以在缺相、过流、过压等状况下对空调及水处理设备进行保护。

空调专用型智能化节电装置通过灵活方便的人工智能界面对电机的运行负荷变化情况进行实时跟踪，并根据实时跟踪数据，对空调系统、水处理系统的电机转速进行实时调整，从而实现了节能的最大化。一般来讲，空调专用型智能化节电装置的年均节电率为20%～60%。

电机专用节电装置

滤波是将信号中特定波段频率滤除的操作，是抑制和防止干扰的一项重要措施。

1. 通过智能化电压采样系统，与设定的电流、电压进行比较，使电源电压与电机实际需要电压相匹配，优化电机的感应电动势，从而达到节能的目的。

2. 实时调整电机定子电压，及时改变电机感应电动势，提高电机的电能利用效率，进而提高电机的功率因数。

3. 抑制高次谐波。电机专用型智能化节电装置的电路中选用进口的电网净化高效滤波器，并联在电源与负载之间，从而有效地抑制电网侧的高次谐波，缓冲电网电压瞬变和浪涌电流。

4. 与国内外同类产品，如就地补偿器、降压节电器等相比，具有明显的优势：谐波干扰最低；电压平稳；节电率高，一般在20%以上。

小博士

节电率＝（用节电器开机2个小时的用电量（度）－不用节电器开机2个小时的用电量（度））÷不用节电器开机2个小时的用电量（度）×100%。

知识库——感应电动势

我们知道，要使闭合电路中有电流，这个电路中必须有电源，因为电流是由电源的电动势引起的。在电磁感应现象里，既然闭合电路里有感应电流，那么这个电路中也必定有电动势，在电磁感应现象中产生的电动势叫做感应电动势。感应电动势分为感生电动势和动生电动势。

照明专用节电装置

照明专用型智能化节电装置，是以现代微机技术、在线检测动态跟踪技术和电压调整技术及提高发光效率技术为核心，对照明供电系统进行处理、优化。因此，它不同于一般的稳压器或节电产品。

◆照明专用型智能化节电装置

假设：电源向照明系统提供的电能为 P_1，这些电能通过灯具完全消耗。但是，电网电压是波动的，当电压偏高时，照明系统消耗的电能就有两种：一种是光能 P_2，另一种是热能 ΔP_1。此时，照明系统消耗的电能，用公式表

◆微电脑路灯节电器

示。就是：

$$P_1 = P_2 + \Delta P_1$$

其中的 ΔP_1 就是由于电压过高而产生的，这是因为电网中有高次谐波的存在，它不但浪费电能，而且还会减损照明系统的使用寿命。

照明专用智能化节电装置，就是通过电压采样系统，对电网电压进行智能化的分析，采取动态调整电压、滤波、补偿，三管齐下，输出一个最优照明功率 P_2，减少 ΔP_1，达到节能的目的。由于照明专用型智能化节电装置是对电网电压进行实时调整、滤波和补偿的，实现了电能利用的最大化、最优化。

小博士

照明系统运行稳定，节电率高，可直接节约电费 25%～40%，而且还大大延长了照明系统的使用寿命，真正实现了企业的低投入高回报的目标。

1. 你知道节能装置的大致原理吗？
2. 你能说说你见过的节能装置吗？
3. 你觉得还有哪些地方可以使用节能装置呢？
4. 如果让你来设计你会设计怎样的节能装置？

功成身退
——白炽灯的换代

自 1878 年物理学家和化学家斯旺试制成功了第一只白炽电泡，人类使用白炽灯泡已有 130 年的历史了。2007 年澳大利亚政府推出了一项逐步采用节能荧光照明设备，以减少温室气体排放的计划，从 2010 年开始将禁止使用白炽灯泡。这是世界上第一个打算淘汰白炽灯泡的计划。为了节能，为了环保，白炽灯泡将要寿终正寝了！

◆白炽灯终将被节能灯取代

白炽灯

◆越来越多的家庭选择节能灯

白炽灯是将电能转化为光能，以提供照明的设备。其工作原理是：电流通过灯丝（钨丝，熔点达 3000 多℃）时产生热量，螺旋状的灯丝不断将热量聚集，使得灯丝的温度达 2000℃以上，灯丝处于白炽状态时，就象烧红了的铁能发光一样地发出光来。灯丝的温度越高，发出的光就越亮。

从能量的转换角度看，白炽灯

发光时，大量的电能将转化为热能，只有极少一部分（约 20%）可以转化为有用的光能。为了节能，为了环保，白炽灯泡应该寿终正寝了！

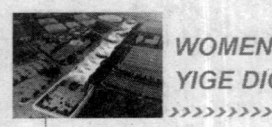

节能灯

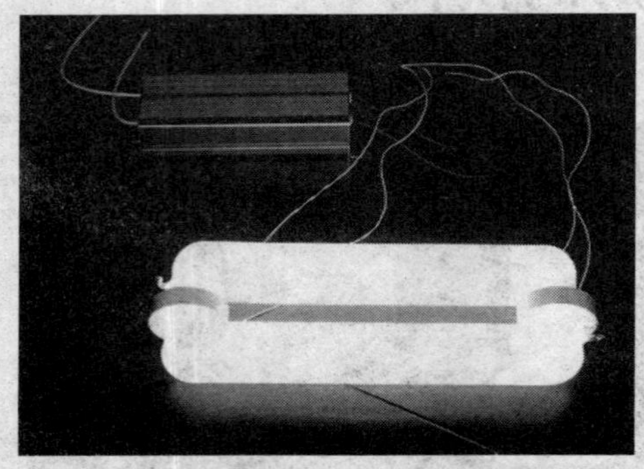
◆LVD 无极灯

节能灯，又称为省电灯泡、电子灯泡、紧凑型荧光灯及一体式荧光灯，是指将荧光灯与镇流器（安定器）组合成一个整体的照明设备。

节能灯是指将荧光灯与镇流器（安定器）组合成一个整体的照明设备。

节能灯的正式名称是稀土三基色紧凑型荧光灯，20 世纪 70 年代诞生于荷兰的飞利浦公司。这种光源在达到同样光能输出的前提下，只需耗费普通白炽灯用电量的 1/5 至 1/4，从而可以节约大量的照明电能和费用，因此被称为节能灯。如今我们所讲的节能产品主要都是针对白炽灯来讲的。

链接：节能灯能节多少电

1. 普通灯泡电费：

15 只灯×40 瓦/只×5 小时/天×30 天＝90000 瓦·小时＝90 度

每月电费＝90 度×1 元/度＝90 元

2. 节能灯的电费：

15 只灯×8 瓦/只×5 小时/天×30 天＝18000 瓦·小时＝18 度

每月电费＝18 度×1 元/度＝18 元

即这个家庭使用节能灯后每月可以节省电费：90 元－18 元＝72 元，一年就可以节省电费 864 元。

LVD 无极灯

LVD 无极灯没有传统光源的灯丝和电极，主要由高频发生器、功率耦合器和玻璃泡壳三部分组成，通过电磁感应方式将能量耦合到灯泡内，是综合功率电子学、等离子体学、磁性材料学等理论开发出来的高新技术照明产品。灯泡内充有适量的特种气体，高频能量使之电离或激发，激发后的原子从较高能级返回基态时，发出紫外光子，紫外光子激发泡壳内壁的荧光粉产生可见光。

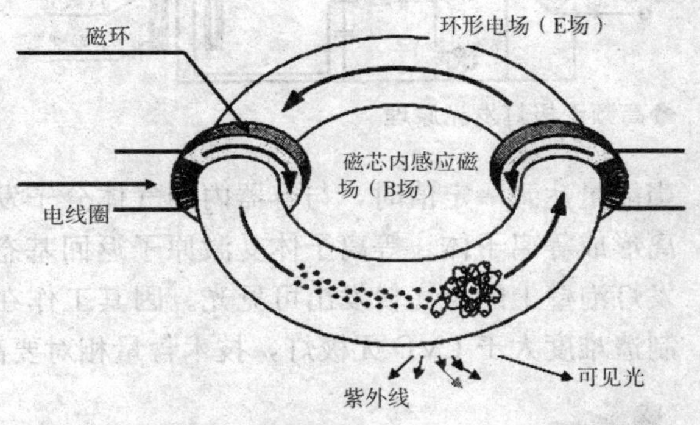

◆LVD 无极灯发光原理

知识库——LVD 灯的优点

LVD 无极灯的显著优点是：超长的寿命、高光效、高功率因素、稳定光通量输出、高可靠性、高显色性、低谐波含量、低温快速启动、宽色温范围、瞬时再启动、无频闪和无眩光，所以能够为用户带来以下好处：高效节能、降低换灯成本、大幅度减少维护费用等等。LVD 无极灯完全符合 CCC、UL、CE、FCC、SON、KETI 等国内国际标准，各种不同系列和型号的 LVD 无极灯完全能够满足商业室内或户外、工业、社会公共机构及公用基础设施照明。在白炽灯被世界各国禁止使用的情况下，LVD 无极灯成为目前高效节能光源的最佳选择，已经成为运作能源管理合同 EMC 模式的理想产品。

高频无极灯

高频无极灯是由激励电源、功率耦合器和灯泡三部分组成，激励源产

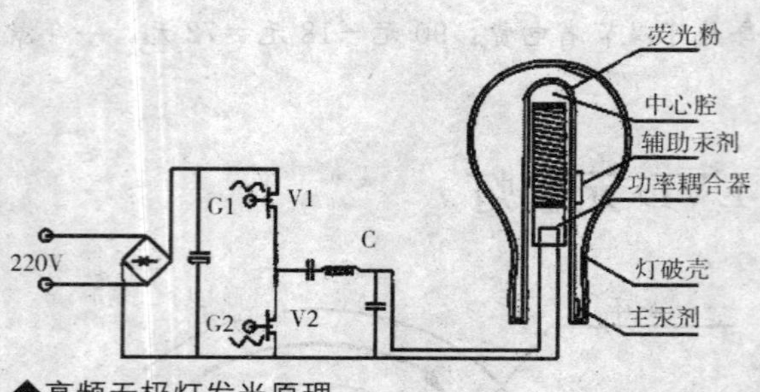

◆高频无极灯发光原理

生一个2.65兆赫兹的电频电流，它经馈线送至功率耦合器。当高频电流通过功率耦合器时，产生一个高频电磁场。变化的磁场即产生一个垂直于磁场变化的电场，使灯泡内部放电空间的电子被电场加速，当能量达到一定值时，与容器内的气体分子发生碰撞，灯泡内气体雪崩电离形成等离子体。等离子体受激原子返回基态时，自发射出紫外光，它激发灯泡壁上的荧光粉发出可见光。因其工作在高频高压状态下，所以它的制造难度大于LVD无极灯，技术含量相对要高。

万花筒

高频无极灯制造的成本低于LVD灯。其优点是：无频闪，可与常规灯具配套，市场价格低于LVD无极灯。缺点是散热性能不好，抗电磁干扰性能差。

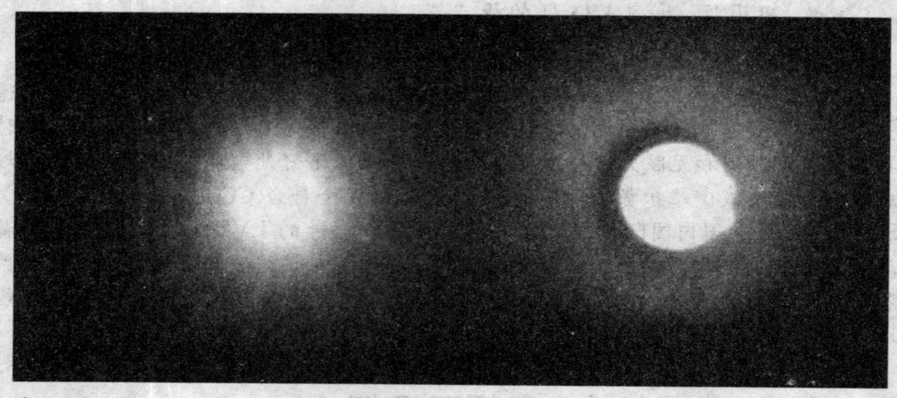
◆不同光效

链接：什么是灯的光效？

光效即发光效率，是指一个光源所发出的光通量和所消耗的电功率之比。可用每瓦流明数或LM/W表示（光通量：指光源在单位时间内所发出的光量，它是衡量灯的光亮度的重要指标，用LM表示。）紧凑型荧光灯与普通灯泡相比，发光效率约提高5～6倍，如11瓦节能灯的光通量相当于60瓦普通白炽灯的光通量。

LED灯

LED（Light Emitting Diode），发光二极管，是一种固态的半导体器件，它可以直接把电转化为光。LED的心脏是一个半导体的晶片，晶片两端中的一端附在一个支架上，一端是负极，另一端连接电源的正极，使整个晶片被环氧树脂封装起来。半导体晶片由两部分组成，一部分是P型半导体，在它里面空穴占主导地位，另一端是N型半导体，在这边主要是电子。但这两种半导体连接起来的时候，它们之间就形成一个$p-n$结。当电流通过导线作用于这个晶片的时候，电子就会被推向P区，在P区里电子跟空穴复合，然后就会以光子的形式发出能量，这就是LED发光的原理。

◆节能灯为我们带来绿色光源

广角镜——LED特点和优点

LED特点和优点：

LED的内在特征决定了它是最理想的取代替传统的光源的候选者，它有着广泛的用途。

体积小：LED基本上是一块很小的晶片被封装在环氧树脂里面，所以它非常小，非常轻。

耗电量低：LED耗电非常低，一般来说LED的工作电压是2～3.6伏。工作电流是0.02～0.03安。这就是说：它消耗的电不超过0.1瓦。

使用寿命长：在恰当的电流和电压下，LED的使用寿命可达10万小时。

高亮度、低热量。

环保：LED是由无毒的材料制成的，不像荧光灯含水银会造成污染，同时LED也可以回收再利用。

坚固耐用：LED是被完全地封装在环氧树脂里面的，它比灯泡和荧光灯管都坚固。灯体内也没有松动的部分，这些特点使得LED可以说是不易损坏的。

◆灯具的节能成为现代家庭的共识

LED光源是21世纪光源市场的希望，众多优点预告其未来将逐步取代传统光源。奥科委指出高亮度LED将是人类继爱迪生发明白炽灯泡之后，最伟大的发明之一。当前全球能源危机的时候，能源是一种宝贵的资源，所以节约能源是我们未来面临的问题。LED作为一种新型的节能、环保的绿色光源产品，必然是未来发展的趋势。

LED节能灯有很多优点，但也有它的不足，它的使用也有局限性。LED节能灯作为室内照明灯具的优势未必比普通节能灯明显，但作为电筒、台灯、射灯等只需照射狭小角度的灯具使用时还是非常优秀的。

拓展思考

1. 你知道灯泡的发展历史吗？
2. 你能说出几种常见的节能灯吗？
3. 你知道LED灯的优缺点吗？
4. LED灯能完全取代其他节能灯吗？

绿色建材
——新型建筑节能材料

◆绿色建材让家更舒适更环保

绿色建材旨在建设资源节约型、环境友好型的建筑材料工业。以最低的资源、能源和环境代价，用现代科技加速建材工业结构优化、升级，实现传统建材向绿色建材产业的转变，着重解决消耗建材资源90%和能源85%的墙体材料和水泥的现代化，发展绿色建材——墙体新材料、节能玻璃窗、绿色屋顶和水泥等主要建筑材料，为节约型建筑业发展提供支撑。

建筑节能的意义

◆正在建造的保温墙

开展建筑节能，就是要依靠科技进步，坚持技术创新，迅速提升建筑品质和性能，谋求可持续发展，杜绝和减少浪费。

1. 减少资源消耗。高效率地利用资源，建筑的建造和消费、材料的生产和使用，要选择节约资源的技术新路线，减少资源的耗用量，尽量不用或少用不可再生资源。

2. 提高材料性能。高性能的材料产品，是高效率利用资源的前提，建筑结构材料要有足够的强度和耐久性，围护结构要有良好的保温隔热性能，防水、隔声、涂料、管道等专用功能性材料，都要具有相应的高性能。

3. 减轻环境污染。杜绝使用污染性材料，坚决有效地控制有害物质排放，并尽可能地利用清洁能源。

4. 延长生命周期。发挥材料潜能，延长使用年限，既可节省资源，降低建设成本，又会减轻环境负荷。

5. 加大回收利用。尽量减少废弃和排放，使资源的投入和回收利用形成良性循环，最大限度地减少最终废弃物。

万花筒

专家表示，若能把日益增加的建筑能耗减少一半，进而逐步达到发达国家的能耗水平，就可大大减少煤矿、电站等能源设施建设的规模。如果我国城镇建筑全部达到节能标准，到 2020 年每年就可节省 3.35 亿吨标准煤、减少 8000 万千瓦时空调高峰负荷，相当于每年节省电力建设投资约 1 万亿元。

点击

◆绿色屋顶

我国第一部有关公共建筑节能设计的综合性国家标准——《公共建筑节能设计标准》已于 2005 年 7 月 1 日正式实施。此前不久，建设部颁布了《关于新建居住建筑严格执行节能设计标准的通知》，《通知》要求城市新建建筑均应严格执行建筑节能设计标准的有关强制性规定，违规单位或个人将受到重罚。2004 年 4 月，国务院办公厅发出《关于开展资源节约活动的通知》，全面推进

能源、原材料、水、土地等资源的节约利用，用3年左右时间向建设资源节约型社会迈出实质性步伐。

绿色屋顶

绿色屋顶是在屋顶承重结构之上逐层铺设：保温隔热层、防水层、排水层、过滤层、轻质种植层和耐旱草坪。保温隔热和防水材料是绿色屋顶的两种关键建筑材料。屋顶保温宜采用轻质、耐久和传热系数小的玻璃棉、矿渣棉或岩棉等无机保温隔热材料；防水层宜使用耐久的柔性防水材料，国内防水卷材通常使用寿命10～15年。为此，研究高性能改性沥青与合成树脂复合防水材料，使耐久性提高到35年应是屋顶防水材料的发展方向。国内外实践表明，屋顶绿化的绿色屋顶，建筑隔热、保温性能显著改善，可使顶层住房室内温度降低3℃～5℃、空调节能20%，可谓建筑节能是改善人居环境的有效措施。

节能数据

我国是一个能源短缺的国家，但我国单位建筑面积能耗目前却是发达国家的2～3倍。与发达国家相比，我国建筑钢材消耗高出10%～25%，每拌和1立方米混凝土要多消耗水泥80公斤；卫生洁具的耗水量高出30%以上，而污水回用率仅为发达国家的25%。此外，在我国人均耕地只有世界人均耕地1/3的情况下，实心黏土砖每年毁田12万亩。

建筑保温材料

建筑保温材料是实现建筑节能的最基本的条件，各国在建筑中采用了大量的新型建材和保温材料。实心砖已普遍被空心砌块和多孔砖所替代，在空心砌块的墙体中，为了提高墙体的保温性能，隔断在砌块之间形成的空心通道的气流，还要向空隙中填加膨胀珍珠岩、散状玻璃棉或散状矿物棉等松散填充绝热保温材料。在建筑物的围护结构中，不论是商用建筑还

◆隔热墙能保持室温在适宜温度从而减少空调的使用

是民用建筑，全部采用轻质高效的玻璃棉、岩棉、泡沫塑料等保温材料。墙体的保温基本上有三种形式：内保温、外保温和夹心保温。居民建筑的墙体结构基本上是外面一层为木质或塑料质的墙板，然后是一层硬质的泡沫塑料，里面就是墙的标准主体。另外一种典型墙体的结构是在空心砌块或空心砖砌筑好的墙体的空腔中，用高压缩空气把絮状的或块状的玻璃棉吹到空腔中，填充密实，同样能起到很好的保温作用。

广角镜

有数据显示，全球建筑能耗的近一半是从不保温的玻璃窗户“溜走”的。如果这些玻璃窗户夏天能遮挡炽热的阳光，冬天又能让温暖的阳光洒满房间，那将节省许多空调的使用能耗，减少建筑供暖造成的环境污染，大大提高生活环境的舒适度。

玻璃幕墙

双层玻璃幕墙在夏季利用“烟囱效应”，通过自然通风换气，降低室内温度。在冬季能产生温室效应，提高保温效果，降低取暖能耗。双层玻璃幕墙在夏季的阳光照射下，幕墙通道中的空气被加热，使空气自下而上地流动，从而带走通道中的热空气，达到降低房间温度的作用。同时，可以放下半透明卷帘，通过卷帘反射后除去大部分太阳辐射，降低房间温

度，减少降温负荷，起到节约能源的目的。在冬季，双层玻璃幕墙可关闭外层幕墙的通风口，这样幕墙内部的空气在阳光照射下温度升高，减少室内和室外的温度差，也减少了室内温度向外界传递，起到房间保温功效，降低房间取暖费用。

◆双层玻璃幕墙的使用越来越多

玻璃隔热膜

◆玻璃隔热膜给玻璃穿上衣服

建筑玻璃隔热膜是一种新型的建筑节能安全材料，最近几年才引进我国。通常建筑上使用的玻璃隔热膜为多层坚韧的聚脂薄膜，经本体染色、紫外线吸收剂注入、金属化磁控溅射、多层复合、涂胶等工艺制成。这种玻璃膜直接装贴在玻璃表面，可有效反射的阻隔太阳光热量，在炎热的夏季控制室内温度升高，从而降低空调负荷，能有效降低空调能耗30%左右。由于玻璃隔热膜在生产过程中渗入了紫外线吸收剂，贴膜后可阻隔99%的紫外线，保护室内物品不会因紫外线的照射而褪色。同时，使原来的玻璃有更好的防爆性和装饰性，大大提升了普通平板玻璃、钢化玻璃、半钢化玻璃的安全性能。

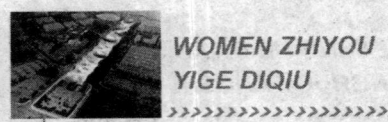

1. 你知道什么样的建材可以称为绿色建材？
2. 你觉得绿色屋顶在你居住的地方可以推广吗？
3. 你能说说双层玻璃幕墙的原理吗？
4. 你还知道哪些节能建筑材料呢？

绿色经济

——生产的节能、环保

能源是支撑国民经济和社会发展的重要战略物资，能源供给安全是一个国家经济保持稳定增长的关键，同时它也关系着国家经济的安全。所以能源的重要性可见一斑。然而近几年在经济持续高速增长的拉动下，中国的各种能源需求都出现了超高速增长，能源紧张成为焦点问题，各企业发展面临严峻的考验。高能耗已直接影响到了经济的可持续发展，于是节能生产适时地成为经济发展的新宠。真正做到经济要发展，能源也要合理利用。

让我们一起来体会一下生产中的节能措施有何重要意义！

清洁燃料成新宠
——新燃料开发利用

面对日益严重的环境污染，全世界都在期盼着清洁燃料能够早日普及。目前公认的清洁燃料主要包括：气体燃料（天然气、液化气、氢气）、合成氢燃料（煤制油、天然气合成油）、醇类燃料（甲醇、乙醇）、生物柴油和乳化燃料。其中，使用最广泛的是压缩天然气、液化天然气和液化石油气以及掺水乳化燃料。同时，从节能的角度，清洁燃料也是替代燃料，同样具有十分重要的战略地位。所以，我国《节约和替代燃料油“十五规划”》指出：节约和替代燃料油是解决我国石油资源短缺，缓解石油供需矛盾，保障国家经济安全的重大战略措施。

◆新能源的开发已成为全球共识

秸秆煤

将充分发酵的秸秆碎末经块煤机压制成块，再经过晾晒风干，最终变为5～10厘米长、4厘米宽、3厘米厚，表面颜色乌黑的“煤块”。秸秆被压制成块状后，因为密度大幅增加，每立方米重达一吨以上，再加上里面含有特殊添加剂，就如同压缩饼干一样，看似个小，却隐藏着很大的能量。

“秸秆煤”每千克的发热量可达3500～6000大卡（1大卡＝4.184千焦），为普通煤炭的90%左右，完全可以替代煤炭作为工业及生活燃料。

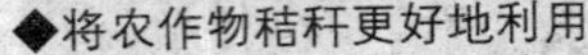
◆将农作物秸秆更好地利用

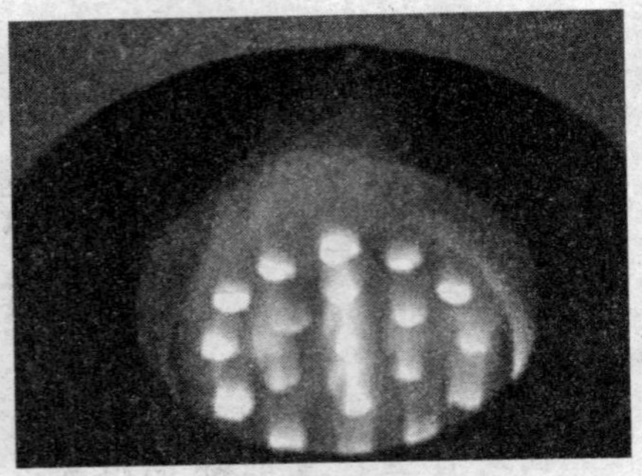
◆燃烧中的“秸秆煤”

若是将“秸秆煤”与普通木炭相比，其强度、燃烧性能都有了进一步提高，燃烧过程也更稳定、充分，燃烧时间大约提高了两倍以上。经环保部门检测，“秸秆煤”的含硫量和燃烧过程中二氧化碳的排放量极低，属于环保清洁能源。其燃烧后的灰烬仍然是“草木灰”，富含钙、镁、磷、钾等元素，可直接用到农田。

广角镜——新研制的混合燃料

混合燃料：用海藻与麻疯树的提炼物飞行

美国大陆航空公司2009年1月10日宣布，其第一架采用生物燃料的商用飞机近日试飞成功。这拉开了2009年包括中国在内的一系列新燃料飞机试验的序幕，再次唤起了人们对搭乘绿色飞机出行的梦想。

美国大陆航空公司北京办事处人员称，这架不搭载乘客的波音737—800型飞机进行了约两小时的成功飞行。美国大陆航空公司主席兼首席执行官表示：“通过本次试飞所获得的技术知识，将有助于更加深入地探索航空运输燃料可持续发展的前景。”

据美国大陆航空公司中国区首席代表介绍，为比较采用混合生物燃料与传统燃料的性能，试飞飞机1号引擎100%采用传统喷气燃料，2号引擎采用50%麻疯树和藻类提取物燃料与50%传统喷气燃料。这种混合生物燃料将极大地减少碳排放。麻疯树和藻类在其生命周期内能够大量消耗碳。

为减少油料依赖、降低成本和实现航空减排，新燃料飞机是一条必由出路。除美国大陆航空公司外，新西兰、巴西等国航空界都在进行生物能源飞行实验。

生物能源的使用，不免引起人们对于粮食安全问题的担忧。但与用玉米等粮食提取燃料不同，海藻与麻疯树提取物混合生物燃料不会对粮食作物或水资源供给造成负面影响，还可以减少森林砍伐。

二甲醚

◆喝二甲醚的公交车

二甲醚作为一种基本化工原料，由于其良好的易压缩、冷凝、汽化特性，使得二甲醚在制药、燃料、农药等化学工业中有许多独特的用途。如高纯度的二甲醚可代替氟里昂用作气溶胶喷射剂和致冷剂，减少对大气环境的污染和臭氧层的破坏。由于其良好的水溶性、油溶性，使得其应用范围大大优于丙烷、丁烷等石油化学品。代替甲醇用作甲醛生产的新原料，可以明显降低甲醛生产成本，在大型甲醛装置中更显示出其优越性。作为民用燃料气其储运、燃烧安全性，预混气热值和理论燃烧温度等性能指标均优于石油液化气，可作为城市管道煤气的调峰气、液化气掺混气。它也是柴油发动机的理想燃料，与甲醇燃料汽车相比，不存在汽车冷启动问题。它还是未来制取低碳烯烃的主要原料之一。

你知道吗？

二甲醚（分子式：CH_3OCH_3，DME）又称作甲醚，是最简单的脂肪醚。它是二分子甲醇脱水缩合的衍生物。室温下为无色、无毒，有轻微醚香味的气体或压缩液体。是一种重要的有机化工产品和化学中间体。

纤维素乙醇

◆沃尔沃推出生物乙醇燃料车型

长期以来，人们一直对生物燃料寄予厚望。与传统的石油、天然气等化石能源相比，生物燃料具有可再生、污染物排放低等特点，而且几乎不受地域限制，在地球的任何角落，只要普通作物能生长，就能获得生产生物燃料所需的原料。采用秸秆、木材、枯草等非粮食作物为原料生产的第二代生物燃料——纤维素乙醇，被认为是交通运输行业传统化石能源的理想替代品。目前纤维素乙醇不能产业化是各种综合因素造成的，但关键是卡在了酶制剂上。酶制剂主要用来降解生物质中的纤维素并经预处理成为糖类，然后发酵成为乙醇，再添加到汽油中成为乙醇汽油。优良的酶制剂不仅能够催化有关反应的发生，而且可以大幅提高转化效率，有效降低生产成本。

清洁能源

清洁燃料：有害物质组份低，符合绿色环保要求的产品，在产品的生产、使用过程中能保持和促进可持续发展。

点击

中国作为一个农业大国，发展纤维素乙醇产业具有广阔的前景。根据测算，目前中国每年的农作物废弃物数量超过6亿吨，其中至少有一半可以用于纤维素

乙醇的生产。如果有关技术能够得到进一步开发和普及，将农作物废料变废为宝，不仅有助于调整能源结构、减少能源进口依赖，还能够实现温室气体的有效减排，并能增加大量的就业机会，增加农业收入。此前景，其实离我们已不太遥远。

甲醇汽油

甲醇汽油是在现有的汽油中加入15%甲醇及10%～15%稳定剂，可调合成93#、95#或97#车用甲醇汽油。与乙醇汽油相比，甲醇汽油的生产成本具有绝对优势。甲醇生产成本在每吨1000元左右，而每吨乙醇的生产成本在4500元左右。从原料来源来看，甲醇来源于我国最广泛的化工资源，如煤炭、天然气、焦化气、油田气、生物质、合成氨等生产过程中都可以用最低的成本生产甲醇。

◆甲醇汽油

小贴士

甲醇掺入量一般为5%～20%。以掺入15%者为最多，称M15甲醇汽油。抗爆性能好，燃烧清洁性能良好。但对汽油发动机的腐蚀性和对橡胶材料的溶胀率都较大，且易于分层。低温运转性能和冷起动性能较差，动力性能也不及纯汽油。可用作车用汽油代用品。

这种车用甲醇汽油有以下几个优点：

1. 醇作为汽油组份油，辛烷值（RON及MON）的调合效应好，为生产高标号汽油开辟了新路。

2. 用甲醇调合成的车用无铅复合汽油作为一种清洁燃料，可改善汽车尾气，降低汽车尾气中CxHy、NO_X、SO_2及CO含量，有利于环保。

3. 充分、合理地利用了天然气及煤气资源生产甲醇。

4. 由于甲醇作为汽油组份油，提高了汽油产量。

5. 含有甲醇的车用无铅复合汽油与传统工艺生产的车用无铅汽油相比，生产成本要低一些。

6. 可以在现有的汽车上使用，满足各项行驶要求而不必要对汽车供油系统及发动机作改动。

1. 你知道什么是清洁燃料？
2. 你对新燃料的开发研制有什么看法？
3. 你还知道哪些新燃料呢？
4. 你会建议你认识的人用甲醇汽油吗？

联合生产
——余热余压的利用

◆现代工业都需考虑能源的利用

余热余压利用工程主要是从生产工艺上来改进能源利用效率，通过改进工艺结构和增加节能装置以最大幅度的利用生产过程中产生的势能和余热。作为“十一五”期间国家十大重点节能工程和建设节约型社会重点工程之一的“余热余压利用工程”及相关技术应用正逐步推广。随着能源价格的节节升高，余热余压利用的投资回报逐渐被人们认可，余热余压利用对企业节能减排工作也日趋重要。

余热余压利用现状

◆发电厂利用余热搭建暖棚种植蝴蝶兰

除了一次性投资较高外，在余热余压利用过程中，使用的生产方法、生产工艺、生产设备以及原料、环境条件的不同，给余热余压利用带来很多困难。许多企业限于投资或技术等难题，余热余压利用节能减排工程未能得到实施。

如钢铁企业的焦炉气、高炉

◆家中也可利用余热烹饪

气、转炉气，煤矿的煤层气，焦化企业的焦炉气等可燃副产气，大量放空，造成能源的严重浪费，同时也污染了环境。又例如，我国钢铁行业1000立方米以上高炉约110余座，有30座以上尚未配套炉顶压差（TRT）发电设备。有大型转炉的企业19家，中型转炉的企业42家，只有7家使用转炉负能炼钢技术。我国焦化炉干熄焦比例较低，干熄焦产量仅占机焦总产量的17.4%。低热值煤气燃气轮机可充分利用副产煤气，但一次性投资较大。我国现有日产2000吨以上新型干法窑水泥生产线225条，只有少数配装了余热发电装置。

知识库——余热余压

余热是在一定经济技术条件下，在能源利用设备中没有被利用的能源，也就是多余、废弃的能源。它包括高温废气余热、冷却介质余热、废气废水余热、高温产品和炉渣余热、化学反应余热、可燃废气废液和废料余热以及高压流体余压等七种。根据调查，各行业的余热总资源约占其燃料消耗总量的17%～67%，可回收利用的余热资源约为余热总资源的60%。

余热余压利用的现有技术

目前，余热余压在企业得到利用的主要技术有：

1. 在钢铁行业，逐步推广干法熄焦技术、高炉炉顶压差发电技术、纯烧高炉煤气锅炉技术、低热值煤气燃气轮机技术、转炉负能炼钢技术、蓄热式轧钢加热炉技术。建设高炉炉顶压差发电装置、纯烧高炉煤气锅炉发电装置、低热值高炉煤气发电—燃汽轮机装置、干法熄焦装置等。

2. 在有色金属行业，推广烟气废热锅炉及发电装置，窑炉烟气辐射预热器和废气热交换器，回收其他装置余热用于锅炉及发电，对有色金属企业实行节能改造，淘汰落后工艺和设备。

◆密闭式电石炉

3. 在煤炭行业，推广瓦斯抽采技术和瓦斯利用技术，逐步建立煤层气和煤矿瓦斯开发利用产业体系。到 2010 年，全国煤层气（煤矿瓦斯）年产量达 100 亿立方米。其中，地面抽采煤层气 50 亿立方米，利用率 100%；井下抽采瓦斯 50 亿立方米，利用率 60%以上。

4. 在化工行业，推广焦炉气化工、发电、民用燃气，独立焦化厂焦化炉干熄焦，节能型烧碱生产技术，纯碱余热利用，密闭式电石炉，硫酸余热发电等技术，对有条件的化工企业和焦化企业进行节能改造。

◆全氧燃烧浮法玻璃熔窑

5. 在其他行业中，玻璃生产企业也推广余热发电装置，吸附式制冷系统，低温余热发电一制冷设备；推广全保温富氧、全氧燃烧浮法玻璃熔窑，降低烟道散热损失；引进先进节能设备及材料，淘汰落后的高能耗设备。在纺织、轻工等其他行业推广供热锅炉压差发电等余热、余压、余能的回收利用，鼓励集中建设公用工程以实现能量梯级利用。

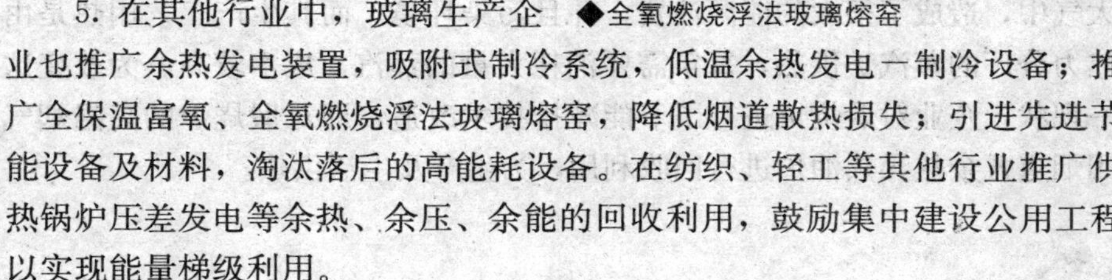

余热余压利用实例分析

利用余热余压技术在各行各业应有不同，主要是根据生产规模和生产工艺而定。下面以实例说明利用余热余压在不同企业节能减排中的应用途径。

讲解——余热发电

余热发电是利用生产过程中多余的热能转换为电能的技术。余热发电不仅节能，还有利于环境保护。余热发电的重要设备是余热锅炉。它利用废气、废液等工质中的热或可燃质作热源，生产蒸汽用于发电。由于工质温度不高，故锅炉体积大，耗用金属多。用于发电的余热主要有：高温烟气余热，化学反应余热，废气、废液余热、低温余热（低于200℃）等。此外，还有用多余压差发电的。例如，高炉煤气在炉顶压力较高，可先膨胀经汽轮发电机发电后再送煤气用户使用。

◆水泥厂余热发电项目

1. 水泥厂余热发电：水泥生产属高耗能产业，在我国水泥行业生产中，传统的湿法窑、立波尔窑和中空干法窑生产线普遍存在工艺落后、设备陈旧和管理水平低等问题，利用余热发电技术可提产节能，是企业培植的新的效益增长点。

2. 炭素厂余热回收：某炭素厂煅烧炉排出大量的高温烟气，温度约850℃～900℃，从烟囱直接排入了大气中，造成了很大的能源浪费，并且污染环境。而其生产工艺用热是由热力分厂的蒸汽炉供热，每年需要消耗大量的蒸汽，成本较高。为改变这一现状，企业对煅烧炉进行了节能减排技术改造，即对煅烧炉的高温烟气用烟道式余热导热油炉进行回收利用，为生产及生活供热。

节能数据

以中国水泥厂为例，水泥厂中锻烧装置内部的温度高达1300℃，外部的温度也有50℃左右。而窑头产生的废气有250℃，窑尾废气则高达330℃。如此高温度的废气不能直接排放到空气，必须先用水降温到90℃，才能排放，仅降温，

每年就要消耗15万吨水。“余热发电”装置投入使用后，一年可发电1.88亿度，约占中国水泥厂总用电量的40%，一年就可节约生产成本7000万。

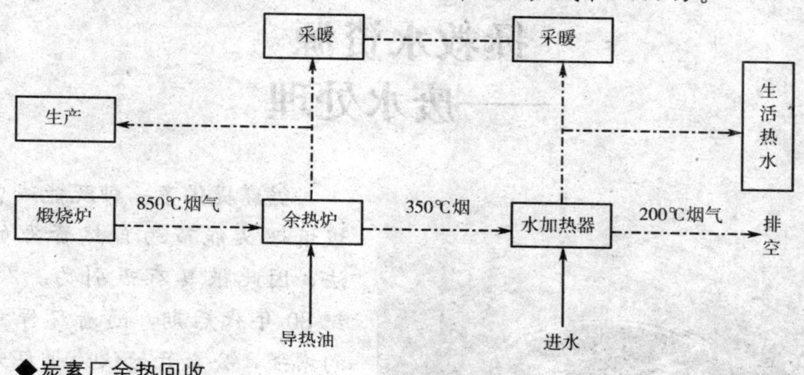

◆炭素厂余热回收

余热余压利用发展前景

1. 由于一次性投资较高，部分企业余热余压利用工程还未得到充分发展，尤其是中小型企业。

2. 余热余压利用不仅节能，还有利于环境保护，是企业实现循环经济的新尝试，随着余热余压利用新技术的推广，余热余压利用必将有着广阔的应用前景。

3. 余热余压利用必须结合生产实际，尽量利用现有设备及环境，因地制宜，同时考虑能源利用效率。

1. 你知道什么是工业生产中的余热吗？
2. 你能联系生活说说你知道的利用余热余压的企业吗？
3. 你觉得生活中能否也将余热余压加以利用呢？
4. 你觉得工业生产中余热余压的利用有何障碍？

拯救水资源
——废水处理

◆水是生命之源

循环提供了一种既能减少垃圾填埋又能节约自然资源的方法，因此很具有吸引力。20世纪80年代后期，随着环保意识的增强，公众开始认为循环是保护环境的关键。EPA计划于1992年前将循环处理的固体垃圾量由13%提高到25%。聚苯乙烯等塑料制品传统上并未大规模地循环利用，因此为了达到EPA的要求并改善在公众中的形象，许多生产商大肆宣传他们对纸张的循环利用。

什么是循环利用

循环是将废品变为可再利用材料的过程，它与重复利用不同，后者仅仅指再次使用某件产品。

◆干涸的大地

然而，循环利用并不总是有经济效率的，甚至并不总是有益于环境的。流行的对循环的强调源于两个错误概念：填埋和焚烧是“坏”的，填埋空间日趋缺乏。亚利桑那大学的考古学家威廉·拉什杰致力于研究垃圾处理，他说填

节能和低碳生活方式

埋可以安全地选址和设计，而且美国除了东北部的一些地区以外还有充足的空间。工程师们知道垃圾填埋场要避开河流、湿地等有水的地方，并且设计了监控系统保证任何泄露在造成危害之前被发现。

根据环境保护署的资料，美国13%的固体垃圾为循环处理。相比之下，我国14%的固体垃圾为焚烧处理、73%为填埋处理。

广角镜——垃圾掩埋地点

对于填埋空间的问题，纽约州于20世纪80年代末期委托进行了一项潜在填埋地的研究。该研究表明有200平方英里的土地可用于填埋，虽然占整个州的面积很小，但是仍足够建好几个填埋场。社区对填埋场的抵制（即“不在我的后院里”）近几年也有所减弱，因为填埋场意识到付钱给社区可以促进他们接受填埋场。例如，《垃圾时代》杂志报道弗吉尼亚州的查理县将每年从填埋场处得到超过100万美元；威斯康辛州首府麦迪逊的一家公司将在12年的时间里支付600万美元以取得建造填埋场的权利。这些费用包括重建道路、经营附近的停车场以及距填埋场特定距离内住户的财产保证金。

废水分类处理

含N、S及卤素类的有机废液处理

此类废液包含的物质有：吡啶、喹啉、甲基吡啶、氨基酸、酰胺、二甲基甲酰胺、二硫化碳、硫醇、烷基硫、硫脲、硫酰胺、噻吩、二甲亚砜、氯仿、四氯化碳、氯乙烯类、氯苯类、酰卤化物和含N、S、卤素的染料、农药、颜料及其中间体等等。

对其可燃性物质，用焚烧法处理。但必须采取措施除去由燃

◆污水处理厂

◆对水质进行检测

◆横行的污水触目惊心

烧而产生的有害气体（如 SO_2、NO_2 等）。对多氯联苯之类物质，因难以燃烧而有一部分直接被排出，要加以注意。

对难于燃烧的物质及低浓度的废液，用溶剂萃取法、吸附法及水解法进行处理。但对氨基酸等易被微生物分解的物质，经用水稀释后，即可排放。

含有酸、碱、氧化剂、还原剂及无机盐类的有机类废液处理

◆处理过的废水作景观用水

此类废液包括：硫酸、盐酸、硝酸等酸类和氢氧化钠、碳酸钠、氨等碱类，以及过氧化氢、过氧化物等氧化剂与硫化物、联氨等还原剂的有机类废液。

首先，按无机类废液的处理方法，对其分别加以中和。然后，若有机类物质浓度大时，用焚烧法处理（保管好残渣）。能分离出有机层和水层时，将有机层焚烧，对水层或其浓度低的废液，则用吸附法、溶剂萃取法或氧化分解法进行处理。但是，对易被

知识窗

含有机磷的废液处理

此类废液包括：含磷酸、亚磷酸、硫代磷酸及磷酸酯类，磷化氢类以及磷系农药等物质的废液。

微生物分解的物质，用水稀释后，即可排放。

含石油、动植物性油脂的废液处理

此类废液包括：苯、已烷、二甲苯、甲苯、煤油、轻油、重油、润滑油、切削油、机器油、动植物性油脂及液体和固体脂肪酸等物质的废液。

对其可燃性物质，用焚烧法处理。对其难于燃烧的物质及低浓度的废液，则用溶剂萃取法或吸附法处理。对含机油之类的废液，含有重金属时，要保管好焚烧残渣。

含酚类物质的废液处理

此类废液包含的物质：苯酚、甲酚、萘酚等。

对其浓度大的可燃性物质，可用焚烧法处理。而浓度低的废液，则用吸附法、溶剂萃取法或氧化分解法处理。

点击——焚烧法处理

焚烧法一般用于高浓度有机废水的处理，一般要求废水浓度大于 100g/L，且需要蒸发浓缩设施以及焚烧炉，污染物经焚烧处理后可转化为无害的二氧化碳和水等小分子。焚烧法的实质是利用高温对废水中的有机物进行深度氧化。当含酚废水中除酚外，还含有多种其他高浓度有机污染物、组成复杂，使酚的回收困难或不经济时，可考虑采用焚烧法进行高温燃烧氧化，实现无害化。

废水处理方法

物理处理法

通过物理作用分离、回收废水中不溶解的呈悬浮状态的污染物（包括油膜和油珠）的废水处理法，可分为重力分离法、离心分离法和筛滤截留法等。以热交换原理为基础的处理法也属于物理处理法。

◆处理中的废水

化学处理法

通过化学反应和传质作用来分离、去除废水中呈溶解、胶体状态的污染物或将其转化为无害物质的废水处理法。而以传质作用为基础的处理单元则有：萃取、汽提、吹脱、吸附、离子交换以及电渗析和反渗透等。后两种处理单元又合称为膜分离技术。其中运用传质作用的处理单元既具有化学作用，又有与之相关的物理作用，所以也可从化学处理法中分出来，成为另一类处理方法，称为物理化学法。

◆墨绿色的河水

小 知 识

在化学处理法中，以投加药剂产生化学反应为基础的处理单元是：混凝、中和、氧化还原等。

生物处理法

通过微生物的代谢作用，使废水中呈溶液、胶体以及微细悬浮状态的有机污染物，转化为稳定、无害的物质的废水处理法。根据作用微生物的不同，生物处理法又可分为需氧生物处理和厌氧生物处理两种类型。废水生物处理广泛使用的是需氧生物处理法。按传统分类，需氧生物处理法又分为活性污泥法和生物膜法两类。活性污泥法本身就是一种处理单元，它有多种运行方式。属于生物膜法的处理设备有生物滤池、生物转盘、生物接触氧化池以及最近发展起来的生物流化床等。

知识库——生物接触氧化法

用生物接触氧化法处理废水，即用生物接触氧化工艺在生物反应池内充填填料，已经充氧的污水浸没全部填料，并以一定的流速流经填料。在填料上布满生物膜，污水与生物膜广泛接触，在生物膜上微生物的新陈代谢的作用下，污水中有机污染物得到去除，污水得到净化。最后，处理过的废水排入生物接触氧化处理系统与生活污水混合后进行处理，经氯消毒达标后排放。生物接触氧化法是一种介于活性污泥法与生物滤池之间的生物膜法工艺，其特点是在池内设置填料，池底曝气对污水进行充氧，并使池体内污水处于流动状态，以保证污水同浸没在污水中的填料充分接触，避免生物接触氧化池中存在污水与填料接触不均的缺陷，这种曝气装置称谓鼓风曝气。

拓展思考

1. 你知道什么是循环利用吗？
2. 你知道废水分哪些类吗？
3. 你知道废水处理的常见方法吗？

变频调速技术显神威
——电机的节能改造

◆电机节能对减排有着重要意义

近年来，我国国民经济持续快速增长，但单位GDP能耗一直居高不下，因此，节能减排工作越来越受到国家各级政府的重视。我国能源大多是以电能方式消耗的，而在国家总用电量中，有35%～40%是高压电动机消耗的。因此做好电机设备，特别是大功率电机设备的节能工作无疑成为这些行业乃至全国“节能减排”工作的“重中之重”。数控励磁调速技术在高压大功率电机上的成功运用，标志着我国高耗能企业高耗电的状况有望得到改变，在为高耗能企业带来巨大经济效益的同时，也将产生良好的社会效益！

电机制造与使用现状

目前，我国工矿企业使用的电机大体分为三大类。

第一类是20世纪50年代制造、20世纪40年代水平的产品，经多年改造，至今已为数不多。

第二类是20世纪60年代至70年代制造，20世纪50至60年代水平的产品。这些电机采用E

◆工业生产耗能巨大

级绝缘，体积大、效率低、启动性能差。

第三类是 20 世纪 80 年代制造，20 世纪 70 年代末和 20 世纪 80 年代初的产品。近几年生产的各种主机大多与这类电机配套。

电机的节能改造修理

供电质量、机械磨损、绝缘老化等诸多因素会造成电机的损坏。损坏的电机又受主体工艺设备及改造资金的制约不可能全部淘汰更新。这就需要对电机进行修理。在修理过程中，如何达到提高效率、节约能源的目的，应采取分类指导、区别对待的原则。

知识窗

调速节电效果即节电率大小，主要取决于风机、泵类负荷变化的幅度和频繁程度，而与所使用的调速技术关系很小，负荷变化幅度越大、变化越频繁，节电率越大，反之则小。

知识库——电机改造的难题

一些大型电机由于其造价高，在工矿企业中更新替换的难度更大，其大容量、低效率又增加了企业生产成本。在修理过程中，根据大型电机的定子绕组一般为成型绕组、电机槽型为开口槽或半开口槽的特点，采用磁性槽泥或磁性槽楔的方法，通过降低铁损的方法来达到节能改造的目的。这样改造的电机，效率可提高 1.5% 左右。

◆电机节能是工业节能的关键

电机改造技术

◆电机节能器

电机拖动系统节能改造的潜力很大，这项节能改造的实施对中国经济的成长和环境保护都有重要的作用。电机拖动系统节能改造的目的是使系统实现经济运行，可以采取的技术措施较多，对于变负荷运行的风机、泵类拖动系统，采用电机调速技术取代闸板或阀门调节流量，是一项很好的技术改造措施，既能精确及时地满足负荷变化的需要，又能减少电能消耗。用可控硅调压技术也是很好的，可用较低的初投资，达到节电目的。对于少数在用的高压大容量绕线型转子交流异步电动机拖动的风机、泵类，多采用串级调速技术，也可采用双馈调速技术。

链接：电机的节能潜力

资料显示，我国80%以上的电机产品效率比国外先进水平低2～5个百分点。我国目前广泛应用的Y系列电动机效率平均值为87.3%；美国高效电动机的效率平均值为90.3%，该效率水平为美国能源政策法令（EPACT法令）所规定的市场准入效率水平；美国超高效电动机是近几年的产品，其效率平均值为91.7%。有计算表明，如果在2012年达到美国超高效率水平，那么我国当年新增电动机的节能潜力为84.12亿千瓦时，相当于节约320万吨标准煤，约合节约449万吨原煤，相当于1.7个100万千瓦电站的发电量。

大家都知道，目前无论哪种机械调速，都是通过电机来实现的。从大范围来分，电机有直流电机和交流电机。过去的调速，多数用直流电机，因为直流电机调速容易实现。但直流电机固有的缺点：滑环和碳刷要经常

拆换，给人们带来太大的麻烦。因此有人就想，如果把可靠简单的笼式交流电机用来调速那该多好！因而就出现了定子调速、变极调速、滑差调速、转子串电阻调速、串极调速、液力偶合调速等交流调速方式。当然也出现了滑差电机、绕线式电机、同步电机，这些都是交流电机。

◆变频调速电机

到20世纪80年代，由于电力电子技术、微电子技术和信息技术的发展，才出现了对交流电机来说最好的变频调速技术，它一出现就以其优异的性能逐步取代其他交流电机调速方式乃至直流电机调速，而成为电气传动的中枢。因而说变频调速是时代的产物，只有在技术高度发展的今天，才能实现。变频调速装置，除节电显著外，还是某些生产工艺中必需的设备。

> 什么叫变频调速技术，它是一种以改变电机频率和改变电压来达到电机调速目的的技术。

广角镜——缆车上的变频技术

许多人坐过单轨高架游览车，该车行驶中频繁起动、停车、上坡、下坡，并要求起停平稳，车速恒定。由于是载人车，运行必须安全可靠，常年日晒雨淋，环境恶劣。以往要求调速性能高的传动装置，多采用带测速反馈的矢量控制系统，价格较高。为了降低价格，并维修方便，采用了通用型变频器转矩矢量控制方式，成功解决了起动/加速、停车/减速、恒速/变速行驶等，并防止了“下滑”、“冲站”现象的产生，达到了安全可靠。

电机节能改造的意义

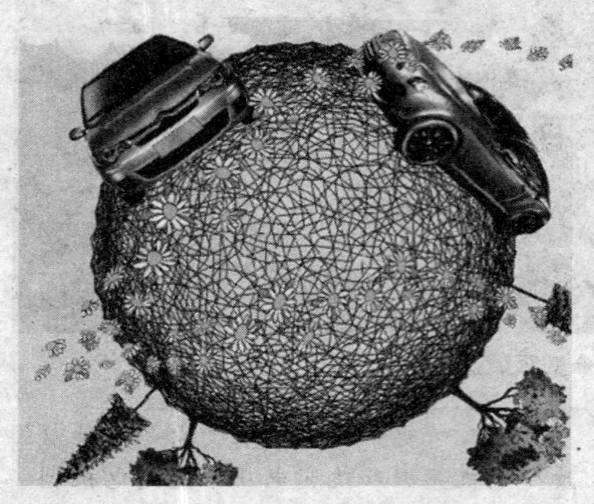
◆电机节能让我们拥有更清新的空气

中国的电能以火电为主，而火电燃料中煤炭占到75%，所以，电机节能改造项目实施获得的环境效益按照节约煤炭的折算量计量，虽然比直接节约煤炭燃烧污染物减排量稍小，但仍可减排大量温室气体CO_2，有益于缓解全球气候变暖，还可以减排大量酸雨气体SO_2和总悬浮颗粒物，可以改善地区的生态环境。

对以高耗能电机为主要产品的企业来说，日子开始变得越来越艰难。实施《中小型三相异步电动机能效限定值及能效等级》标准意味着只有达到相关节能标准的电机企业才能拿到市场的通行证。这项强制性标准规定了中小型三相异步电动机的能效等级、能效限定值、目标能效限定值、节能评价值和试验方法。

由于电动机能效水平的提高除了电能节约外还可以大大减少温室气体的排放，因此电动机节能工作对于环境和自然资源的保护将发挥重要的作用。电动机能效水平的提高还可以提升电动机制造厂商的产品竞争力，扩大出口，促进电动机行业的发展；推动技术与装备的科技进步，拉动国民经济的增长。所以电机系统效率的提高意义十分重要。

调查了解到，目前中国电动机消耗的电量约占全国用电量的60%，而中小型电动机占到全国电动机功率的75%，若把中小型电动机的效率平均提高一个百分点，一年可节电20多亿kWh。由此可见，电动机的节能潜力巨大，提高中小型电动机的效率是工业终端设备节能的一个重要方面。

总之，企业实施节能改造，不仅可以降低能耗成本，而且有助于缓解政府能源供应和建设压力，对减少废气污染保护环境也有巨大的现实意义。

1. 你知道电机改造的意义吗？
2. 你知道什么是变频调速技术吗？
3. 你觉得电机改造有什么困难呢？

现代农业的内涵
——低耗高效

◆我国的传统农田

现代农业是一个动态的和历史的概念，它不是一个抽象的东西，而是一个具体的事物，它是农业发展史上的一个重要阶段。从发达国家的传统农业向现代农业转变的过程看，实现农业现代化的过程包括两方面的主要内容：一是农业生产的物质条件和技术的现代化，利用先进的科学技术和生产要素装备农业，实现农业生产机械化、电气化、信息化、生物化和化学化；二是农业组织管理的现代化，实现农业生产专业化、社会化、区域化和企业化。随着农业社会向工业社会的演变，农业生产方式发生着显著变化。

循环农业

◆立体种植

循环农业就是采用循环生产模式的农业。（我国传统农业采用的是一种初级循环生产方式。）可以实现“低开采、高利用、低排放、再利用”。最大限度地利用进入生产和消费系统的物质和能量，提高经济运行的质量和效益，达到经济发展与资源、环境保护相协调，并符合可持续发展战略的目

标。循环农业对土、水净化、土壤、耕地和水资源的保护至关重要，对耕地的占补平衡和水资源的可持续利用要予以特别关注。这包括农业内部生产方式循环、对农产品加工后废弃物的再利用；清洁增收有机结合，既干净，又增收。

万 花 筒

循环农业的特点

1. 减量化：尽量减少进入生产和消费过程的物质量，节约资源使用，减少污染物的排放；

2. 再利用：提高产品和服务的利用效率，减少一次性用品污染；

3. 再循环：物品完成使用功能后能够重新变成再生资源。

节水农业

节水农业是提高用水有效性的农业，是水、土、作物资源综合开发利用的系统工程。衡量节水农业的标准是作物的产量及其品质，水的利用率及其生产率。节水农业包括节水灌溉农业和旱地农业。节水灌溉农业是指合理开发利用水资源，用工程技术、农业技术及管理技术达到提高农业用水效益的目的。旱地农业是指降水偏少而灌溉条件有限而从事的农业生产。节水农业是随着近年来节水观念的加强和具体实践而逐渐形成的。

◆农业的精细化管理

小知识——节水农业包涵的内容

它包括三个方面的内容：一是农学范畴的节水，如调整农业结构、作物结构，改进作物布局，改善耕作制度（调整熟制、发展间套耕作等），改进耕作技术（整地、覆盖等），培育耐旱品种等；二是农业管理范畴的节水，包括管理措施、管理体制与机构，水价与水费政策，配水的控制与调节，节水措施的推广应用等；三是灌溉范畴的节水，包括灌溉工程的节水措施和节水灌溉技术，如喷灌、滴灌等。

无公害农业

◆长在空中的红薯

产地符合一定条件、生产符合一定规范、产品符合一定标准，认证符合一定程序的，取得合法环境品质优良特征标志的农产品叫无公害农产品。无公害农产品既要有优质农产品的营养品质，又要有健康安全的环境品质。这种特殊性也就是无公害农产品的商品特殊性。无公害农产品是一种具有独特标志的专利性产品，严格有别于其他农产品，而这种独特标志包涵了其生产技术的独特性、管理办法的独特性。正基于此，开发无公害农产品有别于一般性农业生产，它必须有自己一套完善的运作机制，并能很好地适应现代市场经济的发展环境。

点击——无公害农产品

无公害农产品的环境品质独特性是其生产技术独特性所决定的，只有严谨规范的生产技术，才有符合特定标准的无公害农产品。无公害农产品是丰富多样的，具体到每种产品都应有与之相对应的产地、产品环境标准和生产全过程的操作规程配套。对无公害农产品生产影响甚大的外部环境如产地有无工业三废污染源和生产内部环境如土壤重金属背景值过高，农药、化肥、除草剂等农资的环境负效在产品中的富积与残留，都必须按标准和规程要求予以科学严谨的把握，不能混同于一般的产品生产要求。

绿色农业

◆无公害农产品受青睐

一般将“三品”，即无公害农产品、绿色食品和有机食品，合称为绿色农业。

所谓绿色农业，是指以生产并加工销售绿色食品为轴心的农业生产经营方式。绿色食品是指遵循可持续发展的原则，按照特定方式进行生产，经专门机构认定的，允许使用绿色标志的无污染的安全、优质、营养类食品。目前，积极发展绿色农业，已成为迎接国际挑战的战略举措。发展绿色农业也是坚持可持续发展，保护环境的需要。“黑色农业”这种经营方式往往高度依赖大型农机具、化肥、农药，不但消耗了大量不可再生的能源，也造成土壤流失、空气和水污染等恶果。而发展绿色农业则可以从根本上解决这些问题。绿色农业以“绿色环境”、“绿色技术”、“绿色产品”为主体，促使过分依赖化肥、农药的化学农业向主要依靠生物内在机制的生态农业转变。

广角镜——现代农业模式

世界在推进农业现代化过程中，有两种典型的模式。一是人少地多的美国模式，二是人多地少的日本模式（包括韩国、中国台湾地区等）。无论哪种模式，农业现代化起步时期的共同特点是：

(1) 人均 GDP 水平较高，达到 1000 美元以上。

(2) 农业增加值的比重很小，在 30%以下。

(3) 农业劳动力的比重较高，在 30%以上。

(4) 农产品商品率低，在 40%左右。

1. 你知道现代农业与传统农业的区别吗？
2. 你知道什么是循环农业吗？
3. 你知道餐桌上的食物中哪些是绿色农产品吗？

变废为宝

——循环利用

积极推进再生资源回收利用，将大量社会生产和消费后废弃的资源回收利用，可以减少对原生资源的开采，提高资源综合利用水平，既节约了大量的资源，又推动了经济增长方式由粗放型向集约型转变。因此，大力提高再生资源回收利用水平，是促进资源永续利用的重要措施。积极推进再生资源的回收利用也是治理污染的重要措施。

本章将告诉你如何正确地处理垃圾、垃圾怎样变废为宝、怎样让废旧物品继续为你所用……

沙中淘金
——生活垃圾的分类

我们每个人每天都会扔出许多垃圾，你知道这些垃圾到哪里去了吗？它们通常是先被送到堆放场，然后再送去填埋。

垃圾填埋的费用是高昂的，处理1吨垃圾的费用约为200元至300元人民币。人们大量地消耗资源，大规模生产，大量地消费，又大量地产生着废弃物。

◆做好垃圾分类是循环利用的第一步

难道我们对待垃圾就束手无策了吗？其实，办法是有的，这就是垃圾分类。垃圾分类就是在源头将垃圾分类投放，并通过分类的清运和回收使之重新变成资源。

垃圾的分类

如今中国生活垃圾一般可分为四大类：可回收垃圾、厨余垃圾、有害垃圾和其他垃圾。目前常用的垃圾处理方法主要有综合利用、卫生填埋、焚烧和堆肥。

◆日本街头的分类垃圾桶

1. 可回收垃圾：主要包括废纸、塑料、玻璃、金属和布料五大类。废纸：主要包括报纸、期刊、图书、各种包装纸、办公用纸、广告纸、纸盒等等，但是要

◆有明确标示的垃圾桶

注意纸巾和厕所纸由于水溶性太强不可回收。塑料：主要包括各种塑料袋、塑料包装物、一次性塑料餐盒和餐具、牙刷、杯子、矿泉水瓶等。玻璃：主要包括各种玻璃瓶、碎玻璃片、镜子、灯泡、暖瓶等。金属物：主要包括易拉罐、罐头盒、牙膏皮等。布料：主要包括废弃衣服、桌布、洗脸巾、书包、鞋等。通过综合处理回收利用，可以减少污染，节省资源。如每回收 1 吨废纸可造好纸 850 公斤，节省木材 300 公斤，比等量生产减少污染 74%；每回收 1 吨塑料饮料瓶可获得 0.7 吨二级原料；每回收 1 吨废钢铁可炼好钢 0.9 吨，比用矿石冶炼节约成本 47%，减少空气污染 75%，减少 97%的水污染和固体废物。

科技文件夹

中国每年使用塑料快餐盒达 40 亿个，方便面碗 5～7 亿个，废塑料占生活垃圾的 4%～7%。1 吨废塑料可回炼 600 公斤的柴油。回收 1500 吨废纸，可免于砍伐用于生产 1200 吨纸的林木。1 吨易拉罐熔化后能铸成 1 吨很好的铝块，可少采 20 吨铝矿。

2. 厨余垃圾：包括剩菜剩饭、骨头、菜根菜叶、果皮等食品类废物，经生物技术就地处理堆肥，每吨可生产 0.3 吨有机肥料。

3. 有害垃圾：包括废电池、废日光灯管、废水银温度计、过期药品等，这些垃圾需要特殊安全处理。

4. 其他垃圾：包括除上述几类垃圾之外的砖瓦陶瓷、渣土、卫生间废纸、纸巾等难以回收的废弃物，采取卫生填

◆美观的分类垃圾桶

埋可有效减少对地下水、地表水、土壤及空气的污染。

万花筒——利用厨房垃圾的花盆

◆会吃垃圾的花盆

这是一个垃圾桶也是一个花盆，你可以栽上花然后把它摆在厨房的桌案上。切菜时切下的蔬菜头、洗水果时挑出的烂水果、做饭时案板上留下的食物残渣、诸如此类的厨房废物你可以随手扔进这个花盆的肥料筒中。盖上盖子，这些原料会自然发酵，分解，一段时间之后就会产生植物生长必须的营养元素，这些物质会通过筒侧的薄膜渗透进花盆的土壤中，促进植物茁壮成长。来自厨房的废弃食物是最自然最安全的肥料，使用这种花盆不仅可以收敛你的厨房垃圾，还可以养一盆好花，装饰你的厨房。

广角镜——生物垃圾处理机

现在一些小区使用了生物垃圾处理机，配套设置了垃圾分类收集箱，居民们把厨房垃圾与纸板、塑料、金属、橡胶等生活垃圾分类丢放，厨余垃圾由此避免了运出小区的二次污染，全部经过这种全新的处理机器可以将生物垃圾烘干、粉碎，制成高效的有机肥料，居民可以用它种花养草，改善小区绿地的土壤环境，原先异味污染传播的问题、蚊蝇滋生的问题、老鼠到处窜的问题基本消除，小区环境大为改观。

为什么要分类垃圾

垃圾处理的方法还大多处于传统的堆放填埋方式，占用上万亩土地；

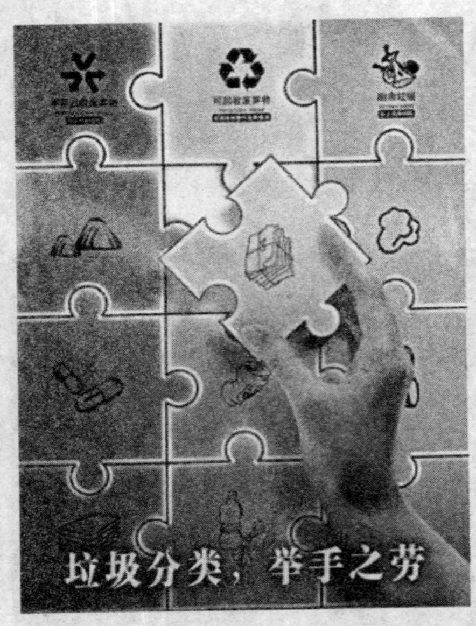

◆垃圾分类举手之劳

并且虫蝇乱飞，污水四溢，臭气熏天，严重地污染环境。因此进行垃圾分类收集可以减少垃圾处理量和处理设备，降低处理成本，减少土地资源的消耗，具有社会、经济、生态三方面的效益。垃圾分类处理的优点如下：

减少占地：生活垃圾中有些物质不易降解，使土地受到严重侵蚀。垃圾分类，去掉能回收的、不易降解的物质，减少垃圾数量达50%以上。

减少环境污染：废弃的电池含有金属汞、镉等有毒的物质，会对人类产生严重的危害；土壤中的废塑料会导致农作物减产；抛弃的废塑料被动物误食，导致动物死亡的事故时有发生。因此回收利用可以减少危害。

变废为宝：垃圾分类可以回收宝贵的资源，同时减少填埋和焚烧垃圾所消耗的能源。例如，废纸被直接送到造纸厂，用以生产再生纸；饮料瓶、罐子和塑料等也可以送到相关的工厂，成为再生资源；家用电器可以送到专门的厂家，进行分解回收。家里可以准备不同的垃圾袋，分别收集废纸、塑料、包装盒、厨余垃圾等。生产垃圾中有30%～40%可以回收利用，应珍惜这个小本大利的资源。

小贴士——塑料垃圾莫乱丢

每天被我们丢弃的可乐瓶和被称为白色垃圾的塑料袋、一次性塑料餐盒，属于高分子聚合有机物，如果埋在地下的话，就是200年也烂不掉，它还会使土壤板结，降低土壤的肥力，甚至使土壤失去耕种的能力。

1. 你知道垃圾可以分成哪些类吗？
2. 观察一下家中每天的垃圾，哪些是可以再利用的呢？
3. 你知道垃圾分类有哪些好处吗？

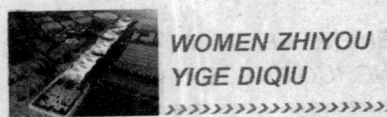

这些标志你认识吗——回收标志

◆回收利用是节能减排的重要方式

这个形成特殊三角形的三箭头标志，就是这几年在全世界变得十分流行起来的循环再生标志，有人把它简称为回收标志。它被印在各种各样的商品和商品的包装上，在可乐、雪碧的易拉罐上你就能找到它。

在许多发达国家，人们在购买商品时总爱找一找，看商品上是否印有这个小小的三箭头循环再生标志。许多关心保护环境、保护地球资源的人只买印有这个标志的商品，因为多使用可回收、可循环再生的东西，就会减少对地球资源的消耗。

这个特殊的三角形标志有两方面的含义：

第一：它提醒人们，在使用完印有这种标志的商品包装后，请把它送去回收，而不要把它当作垃圾扔掉。

第二：它标志着商品或商品的包装是用可再生的材料做的，因此是有益于环境和保护地球的。

回收标志

不可回收垃圾

不可回收物指除可回收垃圾之外的垃圾，常见的有在自然条件下易分解的垃圾，如果皮、菜叶、剩菜剩饭、花草树枝树叶等。

可回收垃圾

本身或材质可再利用的纸类、硬纸版、玻璃、塑料、金属、人造合成材料包装，与这些材质有关的如：报纸、杂志、广告单及其他干净的纸类等皆可回收。另外包装上有绿色标志是属于要付费的，亦属于可回收垃圾！

◆回收标志

广角镜——常见回收标志

The Green Dot，代表可回收材质

日系可回收纸类包装标志

日系可回收塑料类包装标志

◆不同的可回收标志

可回收标志中最常见的还有欧盟的圆形双箭头回收标志，以及日系的可回收纸类、塑料类包装标志（见左图）。欧盟的圆形双箭头回收标志叫做“The Green Dot”，最初是德国一家非营利性私人企业创立的，代表这个包装是由可回收材质生产的。欧盟为了鼓励制造商采用可回收材质，还会给使用“The Green Dot”的制造商颁发环保奖励。

塑料瓶上的数字

许多饮料瓶、矿泉水瓶的底部都有一个带有箭头的三角形标志，里面标有数字，不同的数字代表不同的材料。

“01”——PET（聚对苯二甲酸乙二醇酯）

◆塑料回收标志

◆塑料制品在家中随处可见

◆塑料瓶子的底部一般都有可回收标志

◆塑料制品上的可回收标志

矿泉水瓶、碳酸饮料瓶都是用这种材质做成的。饮料瓶不能循环使用装热水，这种材料耐热至70℃，只适合装暖饮或冷饮，装高温液体或加热则易变形，有对人体有害的物质溶出。科学家发现，这种塑料制品用了10个月后，可能释放出致癌物，对人体具有毒性。因此，饮料瓶等用完了就丢掉，不要再用来作为水杯，或者用作储物容器盛装其他物品。

"02"——HDPE（高密度聚乙烯）

承装清洁用品、沐浴产品的塑料容器，目前超市和商场中使用的塑料袋多是此种材质制成，可耐110℃高温，标明食品用的塑料袋可用来盛装食品。承装清洁用品、沐浴产品的塑料容器可在小心清洁后重复使用，但这些容器通常不好清洗，残留原有的清洁用品，变成细菌的温床，清洁不彻底，最好不要循环使用。

"03"——PVC（聚氯乙烯）

据介绍，这种材质的塑料制品易产生的有毒有害物质来自于两个方面，一是生产过程中没有被完全聚合的单分子氯乙烯，二是增塑剂中的有害物质。这两种物质在遇到高温和油脂时容易析出，有毒物随食物进入人体后，容易致癌。目前，这种材料的容器已经比较少用于包装食品。如果在使用，千万不要让它

受热。

"04"——LDPE（低密度聚乙烯）

保鲜膜、塑料膜等都是这种材质。耐热性不强，通常，合格的PE保鲜膜在温度超过110℃时会出现热熔现象，会留下一些人体无法分解的塑料制剂。并且，用保鲜膜包裹食物加热，食物中的油脂很容易将保鲜膜中的有害物质溶解出来。因此，食物入微波炉，应先要取下包裹着的保鲜膜。

◆PP材料是唯一可放入微波炉的塑料

"05"——PP（聚丙烯）

微波炉餐盒采用这种材质制成，耐130℃高温，透明度差，这是唯一可以放进微波炉的塑料盒，在小心清洁后可重复使用。

知识窗

需要特别注意的是，一些微波炉餐盒，盒体以05号PP制造，但盒盖却以06号PS（聚苯乙烯））制造，PS透明度好，但不耐高温，所以不能与盒体一并放进微波炉。为保险起见，容器放入微波炉前，先把盖子取下。

"06"——PS（聚苯乙烯）

这是用于制造碗装泡面盒、发泡快餐盒的材质。又耐热又抗寒，但不能放进微波炉中，以免因温度过高而释出化学物质。并且不能用于盛装强酸（如柳橙汁）、强碱性物质，因为会分解出对人体不好的聚苯乙烯。因此，您要尽量避免用快餐盒打包滚烫的食物。

◆发泡快餐盒也是白色污染的主要来源

◆不可高温处理的奶瓶

"07"——PC及其他类

PC是被大量使用的一种材料，尤其多用于制造奶瓶、太空杯等。近年来，奶瓶因为含有双酚A而备受争议。专家指出，理论上，只要在制作PC的过程中，双酚A百分百转化成塑料结构，便表示制品完全没有双酚A，更谈不上释出。但是，若有小量双酚A没有转化成PC的塑料结构，则可能会释出而进入食物或饮品中。PC中残留的双酚A，温度愈高，释放愈多，速度也愈快。因此，不应以PC水瓶盛热水。如果容器有任何摔伤或破损，建议停止使用。进因为塑料制品表面如果有细微的坑纹，容易藏细菌。避免反复使用已经老化的塑料器具。

小贴士

超市里购买的熟食回家后就把保鲜膜撕掉，将食物用食品保鲜袋包装起来，再放进冰箱；也可以将食物装在有盖的陶瓷容器中；如果是没有盖的容器，覆盖保鲜膜时，尽量别把食物装得太满，以防接触到保鲜膜。在菜还热着时，也不要盖保鲜膜，因为那样会增加菜中维生素的损失。

拓展思考

1. 你知道哪种塑料制品才能放进微波炉吗？
2. 你知道保鲜膜是什么材料做成的吗？
3. 你知道塑料瓶上数字的含义吗？

化腐朽为神奇
——垃圾发电

面对垃圾泛滥成灾的状况，世界各国的专家们已不仅限于控制和销毁垃圾这种被动“防守”，而是积极采取有力措施，进行科学合理的综合处理以利用垃圾。我国有丰富的垃圾资源，其中存在极大的潜在效益。现在，全国城市每年因垃圾造成的损失约近 300 亿元（运输费、处理费等），而若将其综合利用却能创造约 2500 亿元的效益。

◆如何将如山的垃圾变成电力

垃圾发电

垃圾发电是把各种垃圾收集后，进行分类处理。其中：一是对燃烧值较高的进行高温焚烧（也彻底消灭了病源性生物和腐蚀性有机物），在高温焚烧（产生的烟雾经过处理）中产生的热能使水转化为高温蒸汽，推动涡轮机转动，使发电机产生电能。二是对不能燃烧的有机物进行发酵、厌氧处理，最后干燥脱硫，产生一种气体叫甲烷，也叫沼气。再经燃烧，其热能使水转化为蒸汽，推动涡轮机转动，带动发电机产生电能。

◆垃圾发电厂

垃圾发电发展史

从20世纪70年代起，一些发达国家便着手运用焚烧垃圾产生的热能进行发电。欧美一些国家建起了垃圾发电站，美国某垃圾发电站的发电能力高达100兆瓦，每天处理垃圾60万吨。现在，德国的垃圾发电厂每年要花费巨资，从国外进口垃圾。据统计，目前全球已有各种类型的垃圾处理工厂近千家，预计3年内，各种垃圾综合利用工厂将增至3000家以上。

脉冲抛式炉排焚烧

◆焚烧垃圾发电技术需过关

工作原理：垃圾经自动给料单元送入焚烧炉的干燥床干燥，然后送入第一级炉排，在炉排上经高温挥发、裂解，炉排在脉冲空气动力装置的推动下抛动，将垃圾逐级抛入下一级炉排，此时高分子物质进行裂解、其他物质进行燃烧。如此下去，直至最后燃尽后进入灰渣坑，由自动除渣装置排出。助燃空气由炉排上的气孔喷入并与垃圾混合燃烧，同时使垃圾悬浮在空中。挥发和裂解出来的物质进入第二级燃烧室，进行进一步的裂解和燃烧，未燃尽的烟气进入第三级燃烧室进行完全燃烧。高温烟气通过锅炉受热面加热蒸汽，同时烟气经冷却后排出。

万花筒

垃圾发电主要受一些技术或工艺问题的制约，比如发电时燃烧产生的剧毒废气长期得不到有效解决，所以有效减排的关键是采用先进技术。

小贴士——垃圾发电的优点

其优点是：

1. 处理垃圾范围广泛：能够处理工业垃圾、生活垃圾、医院垃圾、废弃物、废弃橡胶轮胎等。

2. 燃烧热效率高：正常燃烧热效率80%以上，即使水份很大的生活垃圾，燃烧热效率也在70%以上。

3. 运行维护费用低：由于采用了许多特殊的设计以及较高的自动化控制水平，因此运行人员少（包括除灰渣人员在内一台炉仅需两人），维护工作量也较少。

4. 可靠性高：经过近20年运行表明，此焚烧炉故障率非常低，年运行8000小时以上，一般利用率可达95%以上。

5. 排放物控制水平高：由于采用二级烟气再燃烧和先进的烟气处理设备，使烟气得到了充分的处理。经长期测试，烟气排放物中CO含量1～10ppm，HC含量2～3ppm，NOx含量35ppm，完全符合欧美排放标准。烟气在二、三级燃烧室燃烧时温度达1000℃，并且停留时间达2秒以上，可使二恶英基本分解，烟气中二恶英的含量为0.04ngTEQ/m^3，远低于欧美标准0.1ngTEQ/m^3。

6. 炉排在压缩空气的吹扫下，有自清洁功能。

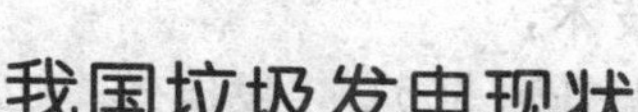

我国垃圾发电现状

我国城市垃圾焚烧发电最早投入运行始于1987年。之后，随着一大批环保产业化和环保高技术产业化项目的相继启动，垃圾焚烧发电技术得到了快速发展，实现了大型垃圾焚烧发电技术的本土化，垃圾焚烧处理能力在近5年间增长了5倍。

垃圾处理的原则是无害化、减量化、资源化。垃圾焚烧发电因大大减

◆垃圾发电应以无害化为前提

少填埋而能够节约大量的土地资源，同时也减少了填埋对地下水和填埋场周边环境的大气污染。

根据我国现行政策，城市生活垃圾焚烧发电技术将以机械炉排炉为主导，辅以煤—垃圾混烧流化床垃圾焚烧技术和其他技术。按照日处理1800吨二段往复式垃圾焚烧设备计算，年发电量可达1.6亿千瓦时，可节约标准煤4.8万吨，年减少氮氧化合物排放480吨、二氧化硫排放768吨。

焚烧发电技术的前景

> 垃圾中的二次能源如有机可燃物等，所含的热值高，焚烧2吨垃圾产生的热量大约相当于燃烧1吨标准煤产生的热量。

垃圾发电之所以发展较慢，主要是受一些技术或工艺问题的制约，比如发电时燃烧产生的剧毒废气长期得不到有效解决。日本去年推广一种超级垃圾发电技术，采用新型气熔炉，将炉温升到500℃，发电效率也由过去的一般10%提高为25%左右，有毒废气排放量降为0.5%以内，低于国际规定标准。当然，现在垃圾发电的成本仍然比传统的火力发电高。专家认为，随着垃圾回收、处理、运输、综合利用等各环节技术不断发展，工艺日益科学先进，垃圾发电方式很有可能会成为最经济的发电技术之一。从长远效益和综合指标看，将优于传统的电力生产。我国的垃圾发电刚刚起步，但前景乐观。

科技文件夹

据了解，我国年产城市生活垃圾约1.5亿吨，其中填埋占70%，焚烧和堆肥等占10%，剩余20%难以回收。其中垃圾发电率还不到10%，相当于每年白白浪费2800兆瓦的电力，被丢弃的“可再生垃圾”价值高达250亿元。

知 识 窗

随着经济的发展和人民生活水平的提高，垃圾问题日益突出，我国668座城市，2/3被垃圾环带包围。

1. 你知道垃圾如何能变成电吗？
2. 你知道垃圾发电的常用方法吗？
3. 你觉得垃圾发电的难点在哪里呢？
4. 你觉得垃圾发电是否可行呢？

二次油田
——废塑料的循环利用

◆如山般的塑料瓶

塑料制品充满市场，进入了我们生活乃至生产的各个领域，给我们带来方便，带来各种好处。然而废塑料真让人头痛。它扔在水里化不掉，埋在土里沤不烂。天长日久，废塑料积累多了，成为一大公害。人们形象地称之为白色污染。为了解决这些难以降解的白色垃圾，各国的研究者都在致力于解决问题的技术。有了这些技术，使废塑料不废，变成有用的工业原料。往后能生产自行分解的塑料，白色污染的问题就能彻底解决了。

废塑料再生

全球原油价格的高升，作为石油衍生物之一的塑料制品价格自然也水涨船高，废塑料的再生利用也被提到了首要的位置。废弃塑料的回收再利用已经被现代化工企业普遍采用。废塑料经过人工筛检分类后，还要经过破碎，造粒，改性等流程，变成各种透明或不透明塑料颗粒，再按照品相进行分类，最后成为可以再次利用的再生料。

◆世界杯球队穿以塑料瓶为原料做成的球衣

废塑料作燃料

最初，塑料回收大量采用填埋或焚烧方法，造成巨大的资源浪费和严重的环境污染。因此，国外将废塑料用于高炉喷吹代替煤、油和焦炭，用于水泥回转窑代替煤烧制水泥，以及制成垃圾固形燃料（RDF）用于发电，效果理想。

万花筒

废塑料也是炼油的好原料。有人曾经形象地将它们比作“二次油田”。1吨废塑料至少能回炼600公斤的柴油。

讲解——什么是RDF技术？

RDF技术最初由美国开发。近年来，日本鉴于垃圾填埋场不足、焚烧炉处理含氯废塑料时HCl对锅炉腐蚀严重，而且燃烧过程中会产生二恶英污染环境，而利用废塑料发热值高的特点混配各种可燃垃圾制成发热量20933千焦/千克和粒度均匀的RDF后，既可使氯得到稀释，同时亦便于贮存、运输和供其他锅炉、工业窑炉燃用以代煤。

高炉喷吹废塑料技术也是利用废塑料的高热值，将废塑料作为原料制成适宜粒度喷入高炉，来取代焦炭或煤粉的一项处理废塑料的新方法。国外高炉喷吹废塑料应用表明，废塑料的利用率达80%，排放量为焚烧量的0.1%～1.0%，产生的有害气体少，处理费用较低。高炉喷吹废塑料技术为废塑料的综合利用和治理“白色污染”开辟了一条新途径，也为冶金企业节能增效提供了一种新手段。德国、日本从1995年就已有成功的应用。

◆北京率先将再生塑料用于食品包装袋中

废塑料发电

◆能把塑料变成电的机器

垃圾固形燃料发电最早在美国应用，并已有RDF发电站37处，占垃圾发电站的21.6%。日本已经意识到废塑料发电的巨大潜力。日本结合大修已将一些小垃圾焚烧站改为RDF生产站，以便集中后进行连续高效规模发电，使垃圾发电站的蒸汽参数由30012提高到45012左右，发电效率由原来的15%提高到20%～25%。

轶闻趣事——垃圾变油

日本有一位工程师叫仓田，多年从事废品处理研究，终于发明了垃圾变油的“魔法”。

东京以西岛根县松江市郊区有一座小厂，正在向前来参观的人们演示垃圾变油法。只听一声令下，操作工人将装满废塑料的袋子扔进锅炉里，几秒钟过后，工人拧开锅炉上的龙头，一股液体流淌出来。这是油吗？操作人员迅即将一根吸油绳放入液体中浸泡，再拣起吸油绳，用打火机一点，着了，吸油绳燃烧起来了。围观的人甚为吃惊，这简直是变戏法！

废塑料炼油

废塑料炼油常用方法：

1. 热裂解法

这种方法出油率高，但温度高，液体成蜡状，有时根本不能用。

> 现常用的三种催化剂：1.分子筛型催化剂；2.金属氧化物催化剂；3.混合型催化剂。

2. 催化热裂解法

这种方法温度低，但催化剂耗量大，但操作简单，工艺不复杂，我国大多用这种方法。

◆裂解反应炉

3. 热裂解一催化改质法

这种方法和以上方法相比较应该是比较好的，专家认为建厂应该优选此种方法。其产生的油品品质也较好。现我国有些地方也已采用此方法。

4. 其他

临界水废塑料裂解法、与煤共液化法、废塑料汽化裂解法等大多是实验室的方法，在我国工业生产中尚未使用。

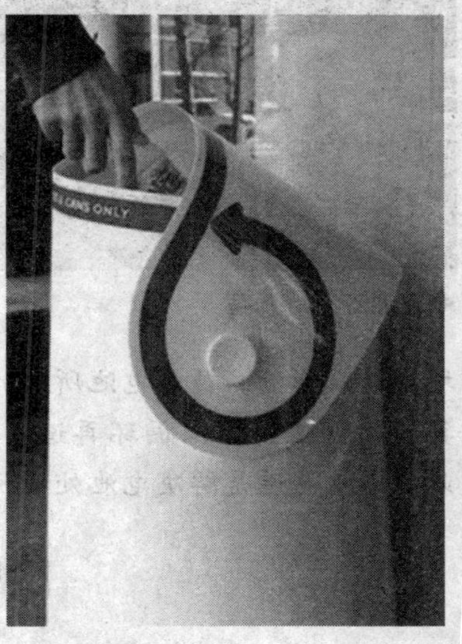
◆再生塑料回收筒

废塑料炼油常用设备：

1. 釜式设备　这是从小炼油移过来的，主要是一个大罐，把废塑料装到里面，再装上催化剂，和所说的土炼油没有区别。这种方法受热不好，釜底易烧穿，不安全，优点是设备简单、造价低、操作简单，现为增加传热效果，把釜变小，几个釜同时生产以及加部分油。立式釜和卧式釜均属于这一类。

2. 旋转炉　旋转炉也有应用，包括普通旋转炉和回转窑，普通旋转炉应用较多。比如河南、江苏均有应用。旋装炉虽然受热好，但装料少，生产量少，有人在这个基础上先熔化再封口，但依然生产量少。

3. 其他　其他如管式反应器、流化床反应器只是实验室设备，生产应用较少。

◆再生塑料做的儿童玩具

不能扔的“垃圾”
——电池的回收利用

◆电池应有好归宿

在这个越来越自动化的世界上，电池的用途很广泛。它为我们的汽车、可移动电子设备及每天使用的工具提供电力。我们甚至可以用植物来制造电池。

我们日常使用的电子产品普遍以充电电池作为电源供应。充电电池可以重复使用，有助于保护环境。但用完的充电电池如不能妥善弃置，对环境会造成影响。虽然电池所含的物料会危害人体健康和环境，但这些物料具回收价值，可以循环再造，制成其他产品，例如磁合金和不锈钢。因此，回收再造是解决电池处置问题的上策。

废电池的回收

废电池虽小，危害却甚大。若电池和垃圾一起填埋腐烂后，渗出的重金属物质会渗透到土壤中，污染地下水，进入水体，产生危害。进而进入鱼类、农作物中，破坏人类的生存环境，间接威胁到人类的健康。但是，由于废电池污染不象垃圾、空气和水污染那样可以凭感官感觉得到，具有很大的隐蔽性，所以没有得到应有的重视。目前，我国已成为电池生产和消费的大国，而我国目前在这方面的管理

◆电池的需求巨大

相当薄弱，废电池污染是迫切需要解决的一个重大环境问题。

知识库——纽扣电池的危害

据科学家测定：一颗纽扣电池产生的有害物质，可污染60万升水，相当于一个人一生的用水量；一节一号电池烂在地里，能吞噬一平方米土地，并可造成永久性公害。我国是电池生产消费大国，电池的年产量高达140亿节，消费约100亿节，约占世界总量的1/3。以全国13亿人口计算，假设每年每人用6节电池，那么这些电池可以污染46800亿立方米的水，相当于中国全年径流总量的1.73倍；也可使7800平方千米土地失去利用价值，这相当于1.23个上海的面积。据估计，全球每年约有320亿节废旧电池被丢弃，其危害之大不能不令人触目惊心！

碱锰电池

碱锰电池可用于任何设备，从照相机和手电筒到遥控器都会使用它。在美国，如果你咨询当地的固体废弃物管理部门，他们可能会让你将碱锰电池丢进普通的垃圾桶。这是因为，1996年通过的《电池（包含可充电电池）汞含量管理法案》中要求停止在碱锰电池中使用汞，因此，将它们丢在垃圾场中也问题不大。但这并不意味着碱锰电池是不可回收的。回收这些电池可以获得钢和锌，这是两种很有价值的金属。

◆碱锰电池

小贴士

如果你决定把碱锰电池扔进垃圾桶的话，你也可以采取以下措施来防止

节能和低碳生活方式

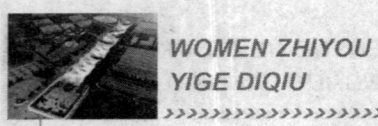

泄漏：

1. 将多个电池装在同一个塑料袋里；
2. 用胶带封住各个电池的两端。

镍镉电池

镍镉电池即是廉价版的可充电式碱性电池。它们可进行上百次的充电，以避免一次性电池的回收处理，通常情况下，它们可与碱性电池互换。由于其包含有毒的镉金属，这些废电池是有害废物，不可丢弃在垃圾场中。另一种不带镉的电池是镍氢电池，很多名牌的可充电电池往往是镍氢电池。这两种电池在回收利用时需进行加热，以将高温金属镍和铁从低温金属锌和镉中分离出来；有些金属在熔化后会凝固，而其他的则作为金属氧化物进行再处理。这些金属都有一定的利用价值。

点　击

有一条关于镍镉电池的小常识，即其价格的一部分包括了其回收处理所需的费用。

锂离子电池

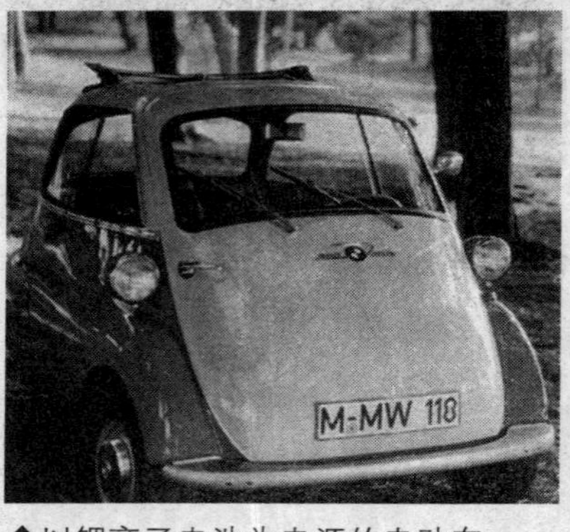

◆以锂离子电池为电源的电动车

锂离子电池采用的是一种最先进的可充电技术，通常用于手机和电子消费品。这些电池也可以作为电动车的电源。

通常在回收处理锂离子电池时，也意味着你在回收处理你的电子设备，比如说给手机更新换代，或者是卖掉笔记本电脑。大多数情况下，处理电子设备的公司也会处理该电池。因此，你可以轻易地找到回收场所。这些电池的回收处理方法与镍镉电池的相同，以生成有用金属。

知识库

不要储藏锂离子电池或把它们扔到垃圾场，原因之一是，当它们接触高温时，有可能会因过热而爆炸。如果你在回收处理锂离子电池前，将大量的电池存放在一起，需谨记将其放置在凉爽的场所。

氧化银电池

这是一种比较普通的扣式电池，通常用于计算器、助听器和手表中。除了其尺寸较小外，扣式电池的其他特点包括储藏寿命较长，以及可在低温下照常使用。

◆扣式电池

氧化银电池和其他的扣式电池包含汞，因此其回收是必要的。但由于这些电池比较少见，且使用寿命较长，你不会有太多的扣式电池需要回收。大多数情况下，会有专业人士来替换这些电池，因此可以问问他们能否帮你回收电池。氧化银电池通常会在回收处理过程中被压碎，以回收有用的重金属。

你知道吗？

普通锌锰电池也称碱性电池。这是市场上最常见、最便宜的一种。价格低廉是这类电池的优点，但缺点也是明显的：电容量低。普通锌锰电池虽然价格低廉，但从使用的经济性说赶不上充电电池，从使用的方便性和每小时使用价格来说又比不过碱锰电池，同时低档的普通锌锰电池还会漏液损坏电器，因此在国际上认为普通锌锰电池是过时的产品，有些厂已经停止了这种电池的生产。

铅酸电池

◆电动车中常用的铅酸电池

这些电池主要用于为自动化设备供电，比如说汽车、船只、电动自行车、摩托车甚至割草机。铅酸电池的回收率较高，因为它们包含铅和硫酸，是垃圾场中最危险的物体之类。

进行回收时，铅酸电池会被分为三大部分：塑胶、铅和硫酸。聚丙烯塑胶会被再加工成新的电池壳；铅片会被再加工，以用于新的电池中。电池的酸会被中和掉，并通过污水处理厂进行清洁。不然的话，就会被转化成硫酸钠，用于衣服清洁剂中。

其他电池

如果你有其他类型的废电池，首先要做的就是确定其包含的化学物质，以判断它是不是危险废弃物。如果它含有镉、铅或汞的话，就意味着是家庭危险废物，需进行回收处理。

> 扣式电池都有一个字母数字编码，其第一个字母表示你所用的电池类型（“L”表示二氧化锰，“S”表示氧化银）。

拓展思考

1. 你知道电池有哪些种类吗？
2. 废电池处理不当有哪些危害呢？
3. 你知道废旧手机电池应如何处理吗？
4. 你认为为了更好地回收利用废旧电池还可以有哪些措施？

旧手机中的金矿
——电子垃圾的循环利用

◆电子废弃物中可回收成分多

让人眼花缭乱的各类高科技电子产品在给人类带来便捷和快乐的同时，也产生了电子垃圾。一项研究显示，生活在电子垃圾回收点附近的哺乳妇女的母乳中，发现了二恶英等致癌物浓度的增高，这将威胁到她们和婴儿的健康。日复一日增长的电子垃圾给环境带来了巨大压力。电子垃圾是人类面临的新问题。这些人们曾经的宠儿被随意地丢弃或者不正确地回收，它们造成的环境危害并不亚于常规的垃圾。电子垃圾治理成已为全社会共同应对的环保新课题。

什么是电子垃圾

◆被查获的走私入我国的电子垃圾

主要使用电流、电磁场工作的设备都叫电子设备，废弃不用的电子设备都属于电子废弃物。电子废弃物主要包括电冰箱、空调、洗衣机、电视机等家用电器和计算机等通信电子产品等的淘汰品。电子废弃物俗称“电子垃圾”。电子垃圾现在还没有明确技术标准来确定。但笼统地说，凡是已经废弃的、或者已经不能再使用的电子产品，都属于电子垃圾。

电子垃圾分类

◆电子垃圾就在我们身边

◆被垃圾吞没的小镇

电子废弃物大致可分为两类：一类是所含材料比较简单，对环境危害较轻的废旧电子产品，如电冰箱、洗衣机、空调机等家用电器以及医疗、科研电器等，这类产品的拆解和处理相对比较简单；另一类是所含材料比较复杂，对环境危害比较大的废旧电子产品，如电脑、电视机显像管内含铅，电脑元件中含有的砷、汞和其他有害物质。手机的原材料中的砷、镉、铅以及其他多种持久性和生物累积性的有毒物质等。通过人工拆解和机械拆解分拣，对电子废弃物进行综合处理，不仅会保护自然环境，而且能够对某些资源进行回收再利用，达到降低元器件制造成本的目的。

知识广播

一台电脑中有超过1000种材料，其中很多材料是剧毒的。由于信息技术发展的速度越来越快，产品的淘汰速度也随之加速。现在国内需报废的电视机平均每年500万台以上，洗衣机约500万台，电冰箱约400万台，每年将淘汰1500多万台废旧家电。

电子器具事实上包括了电器器具和电子器具两大部分。其中，作为电子废弃物主要来源的家用电器，是以上两个部分的统一体。目前世界上家用电器产品种类已达数百种、上万个款式规格，而其分类世界各国尚未统一。例如，美国对家用电器产品基本以复杂程度和大小件分类；德国和法国也是按大小件来分类；日本则是按用途来分类。我国基本上按用途分类，一般分为如下 14 类。

(1) 制冷器具；(2) 空调器具；(3) 取暖器具；(4) 厨房器具；(5) 清洁器具；(6) 整容器具；(7) 熨烫器具；(8) 电声器具；(9) 视频器具；(10) 娱乐器具；(11) 保健器具；(12) 照明器具；(13) 其他器具；(14) 计算机和通信器具。

电子垃圾的危害

随着科学技术的发展与革新，电子产品更新速度越来越快，电子产品的使用寿命相应会缩短，这将使电子废弃物的数量迅速增长。目前电子废弃物每 5 年增加 16%～28%，比总废物量的增长速度快 3 倍，电子废弃物正成为新的危险废物污染源。电子废弃物是毒物的集大成者。如 1 台 15 英寸的 CRT 电脑显示器就含有镉、汞、六价铬、聚氯乙烯塑料和溴化阻燃剂等有害物质；电脑的电池和开关含有铬化物和水银，电脑元器件中还含有砷、汞和其他多种有害物质；电视机、电冰箱、手机等电子产品也都含有铅、铬、汞等重金属；激光打印机和复印机中含有炭粉等。如果将废旧电子产品作为一般垃圾丢弃到荒野或垃圾堆埋区域，其所含的铅等重金属就会渗透污染土壤和水质，经植

◆被电子垃圾污染的河水

《美国新闻周刊》报道，目前世界上各地废弃的电脑软盘加在一起，每隔20分钟就可以形成一座100层高的“摩天大厦”。

物、动物及人的食物链循环，最终造成中毒事件的发生；如果对之进行焚烧，又会释放出二恶英等大量有害气体，威胁人类的身体健康，“贵屿现象”就是一个活生生的例子。

环保数据

美国环保局确认，用从废家电中回收的废钢代替通过采矿、运输、冶炼得到的新钢材，可减少97%的矿废物，减少86%的空气污染，76%的水污染，减少40%的用水量，节约90%的原材料及74%的能源，而且废钢材与新钢材的性能基本相同。

电子垃圾回收价值

◆贵屿——中国电子垃圾之都

在保证对大气、地质、水源环境无污染的情况下，可对电子废弃物进行一定程度的回收与利用。

用物理方法对城市固体废弃物的破碎—解离—分选，具有投资少，环境污染小的特点，是目前电子废弃物处理的发展趋势。事实上，电子废弃物中含有很多可回收再利用的有色金属、黑色金属、玻璃等物质。从严格意义上讲，这些电子废弃物，不应称其为电子垃圾，而应称作电子旧货。有研究分析结果显示，1吨随意搜集的电子板卡电子废弃物中，可以分离出286磅铜、1磅黄金、44磅锡，其中仅1磅黄金的价值就是6000美元（1磅＝

0.45359 千克)。可以说,“电子垃圾”中蕴藏着重大商机,如果将“电子垃圾”中含有的金、银、铜、锡、铬、铂、钯等贵重金属“拆”出来,将是一笔不可估量的财富。电子废弃物中所蕴含的金属,尤其是贵金属,其品位是天然矿藏的几十倍甚至几百倍,回收成本一般低于开采自然矿藏。

知识库——旧手机中的金矿

1吨旧手机废电池,可以从中提炼100克黄金,而普通的含金矿石,每吨只能提取6克,多者不过几十克,可以说,旧手机是一种品位相当高的金矿石。在印刷电路板中,最多的金属是铜,此外还有金、铝、镍、铅、硅金属等,其中不乏稀有金属。有统计数据表明,每吨废电路板中含金量达到1000克左右。随着工艺水平提高,现在每吨废电路板中已能够提炼出300克金。

◆电子垃圾合理回收利用效益可观

电子废弃物利用现状

◆小作坊手工分拆电子垃圾

面对如此丰富的“金矿”,国内却尚无一家正规的电子废弃物处理厂。个别“农民式”的处理工厂,不仅浪费掉大量的珍贵资源,而且还会对周围环境造成巨大影响。据调查,现在的旧电器主要涌向了两个渠道:收垃圾的小贩和拆解作坊。小贩收来的旧电器一般有两个出路:能用的改装之后再卖到农村;不能用的,把玻璃、塑料等能卖钱的卖了,其余的当垃圾扔掉。拆解作坊相对于小贩来说比较高级一些,但也不外乎采用最原始的人工敲打办法。把拆下的电机

等价值较高的零件集中卖掉，其余的按废铁、塑料等废品出售。对完全不能用的电子废弃物，如冰箱、空调机中的制冷剂则任意倾倒。美国每年大约有 50％～80％被“出口”处理的电子垃圾也大致如此。当前，由于电子废弃物管理的法规或规章尚末出台，电子废弃物的收运、处置市场尚不规范，所以在处置旧家用电器过程中环境污染问题非常严重，所以迫切需要相关法律法规的实施。

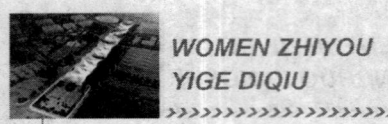

1. 你知道什么是电子垃圾吗？
2. 你家的电子废弃物是如何处理的呢，是否合理？
3. 你知道电子废弃物处理不当有哪些危害？

水的再生
——水的循环利用

水是一切生命赖以生存、社会经济发展不可缺少和不可替代的重要自然资源和环境要素。但是，现代社会的人口增长、工农业生产活动和城市化的急剧发展，对有限的水资源及水环境产生了巨大的冲击。在全球范围内，水质的污染、需水量的迅速增加以及部门间竞争性开发所导致的不合理利用，使水资源进一步短缺，水环境更加恶化，严重地影响了社会经济的发展，威胁着人类的福祉。保护水资源合理利用水刻不容缓。

◆水是地球生物的命脉

什么是再生水

◆家庭净水装置

再生水是指污水经适当处理后，达到一定的水质指标，满足某种使用要求，可以进行有益使用的水。和海水淡化、跨流域调水相比，再生水具有明显的优势。从经济的角度看，再生水的成本最低，约为1～3元/吨，而海水淡化的成本约为5～7元/吨，跨流域调水的成本约为5～20元/吨。从环保的角度看，污水再生利用有助于改善生态环境，实现水生态的良性循环。

再生水也指污水处理厂处理达标水，一般为二级处理。具有不受气候影响、不与临近地区争水、就地可取、稳定可靠、保证率高等优点。再生水虽不能饮用，但它可以用于一些水质要求不高的场合，如冲洗厕所、冲洗汽车、喷洒道路、绿化等。再生水工程技术可以认为是一种介于建筑物生活给水系统与排水系统之间的杂用供水技术。再生水的水质指标低于城市给水中饮用水水质指标，但高于污染水允许排入地面水体的排放标准。

小知识

再生水即所谓“中水”，是沿用了日本的叫法。通常人们把自来水叫作“上水”，把污水叫作“下水”，而再生水的水质介于上水和下水之间，故名“中水”。

城市第二水源

再生水是城市的第二水源。城市污水再生利用是提高水资源综合利用率，减轻水体污染的有效途径之一。再生水合理回用既能减少水环境污染，又可以缓解水资源紧缺的矛盾，是贯彻可持续发展的重要措施。污水的再生利用和资源化具有可观的社会效益、环境效益和经济效益，已经成为世界各国解决水问题的必选。

再生水的使用意义

据有关资料统计，城市供水的80%转化为污水，经收集处理后，其中70%的再生水可以再次循环使用。这意味着通过污水回用，可以在现有供水量不变的情况下，使城市的可用水量至少增加50%以上。世界各国无不重视再生水利用，再生水作为一种合法的替代水源，正在得到越来越广泛的利用，并成为城市水资源的重要组成部分。

水是城市发展的基础性资源和战略性经济资源，随着城市化进程和经

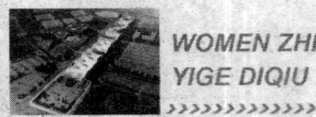

◆看好水的门户　　◆选择节水用具

济的发展，以及日趋严重的环境污染，水资源日趋紧张，成为制约城市发展的瓶颈。推进污水深度处理，普及再生水利用是人类与自然协调发展、创造良好水环境、促进循环型城市发展进程的重要举措。

广角镜——概念洗衣机

里德·克劳福德设计公司设计的这款概念洗衣机，其最大的特点就是节约水，它居然可以过滤循环使用洗衣用水，而且这些水都是干净的，这个概念洗衣机内置一个高科技净水器，这样便能保证每次使用的都是干净的水，除此特异功能之外，其外形也非常出色，尺寸比平常的洗衣机要小很多。

◆概念洗衣机

国际上，对于水资源的管理目标已发生重大变化，即从控制水、开发水、利用水转变为以水质再生为核心的“水的循环再用”和“水生态的修复和恢复”，从根本上实现水生态的良性循环，保障水资源的可持续利用。

再生水合理利用不但有很好的经济效益，而且其社会和生态效益也是巨大的。首先，随着城市自来水价格的提高，再生水运行成本的进一步降低，以及回用水量的增大，经济效益将会越来越突出；其次，再生水合理利用能维持生态平衡，有效地保护水资源，改变传统的“开采—利用—排放”的用水模式，实现水资源的良性循环，并对城市的水资源紧缺状况起到了积极的缓解作用，具有长远的社会效益；第三，再生水合理利用的生态效益体现在不但可以清除废污水对城市环境的不利影响，而且可以进一步净化环境，美化环境。

知识窗

再生水的用途很多，可以用于农田灌溉、园林绿化（公园、校园、高速公路绿带、高尔夫球场、公墓、绿带和住宅区等）、工业（冷却水、锅炉水和工艺用水）、大型建筑冲洗以及游乐与环境（改善湖泊、池塘、沼泽地，增大河水流量和鱼类养殖等），还有消防、空调和冲厕水等市政杂用。

再生水的使用途径

◆选择节水型龙头

再生水水量大、水质稳定、受季节和气候影响小，是一种十分宝贵的水资源。再生水使用方式很多，按与用户的关系可分为直接使用与间接使用，直接使用又可以分为就地使用与集中使用。多数国家的再生水主要用于农田灌溉，以间接使用为主。日本等少数国家的再生水则主要用于城市非饮用水，以就地使用为主。新趋势是用于城市环境“水景观”的环境用水。

中国再生水的使用情况

进入 21 世纪以后，在中国水资源日趋紧张的背景下，再生水利用开始受到中国政府的重视。到 2009 年，中国污水再生利用率（污水再生利用量/污水处理量）在 15%左右，而污水再生利用量/污水排放量的比率仅为 5%左右。

公众心理上对污水回用的接受程度也是污水回用项目能否得到推广的一个重要因素。北京市的民意测验表明，污水回用于浇灌绿地、浇洒道路、冲厕、洗车等方面时，有 85%的人是可以接受的。随着政府宣传力度的加大，公众环保意识的增强，民众会逐渐接受再生水的回用。

1993年1月18日，第四十七届联合国大会作出决议，确定每年的3月22日为“世界水日”。

◆注意用水方式的节约

小贴士——家中节水小窍门

◆家庭中一水多用

1. 及时更换修理漏水的龙头并最好选用节水龙头；2. 养成随手关好水龙头的习惯，避免水空流现象；3. 抽水马桶漏水的常见原因是封盖泄水口的橡胶盖较轻，水箱泄水后封闭不严密。解决方法是在连接橡胶盖的连杆上捆绑一点重物，如大螺母等，捆绑物尽量靠近橡胶盖，漏水问题就可解决；4. 一般用水不要把水龙头开到最大，控制在低流量范围；5. 洗油污多的餐具，可先用一张卫生纸擦拭干净，再清洗；6. 衣服尽量集中一起洗，小件、少量衣物提倡手洗；7. 多用盆接水洗菜洗衣，避免长时间开着水龙头冲洗；8. 出门之前，检查水龙头是否关紧。

家庭中的循环用水

◆家庭中多准备几个装水的桶

节水关系国计民生，绝非小事。毫无疑问，每一个家庭的节水行动都是不可或缺的。拧紧“滴答”的水龙头，摒弃不良的用水习惯，培养强烈的水忧患意识。“不要让地球上的最后一滴水，成为我们自己的眼泪”。积极行动起来，从一点一滴做起，让节水成为一种习惯和美德！节约清洁水，做好污水再生利用，是缓解水资源紧张的根本途径。用流水淘米、洗菜、洗衣服，用清水涮抹布、冲厕所……大多数人平时就是这样用水的。如果改变一下用水方式，充分利用收集的家庭废水，尽量采取循环用水，做到一水多用，可以节省 1/4 到 1/2 的用水量。

1. 你知道什么是再生水吗？
2. 你觉得如何使用水更合理？
3. 你有哪些节约用水的好方法吗？

云的礼物
——雨水的循环利用

雨水利用具有广义与狭义之分。狭义的雨水利用主要是指雨水的直接利用或雨水一级利用，如雨水集流的家庭利用和雨水的农业应用。广义的雨水利用，除狭义的雨水利用外，还指雨水的人为调控和转化后的利用，例如流域水流汇集到河流、湖泊、水库、地下等的水资源的开发利用，这种派生雨水资源的开发利用，又称雨水再利用或间接利用。雨水利用不仅可以解决缺水地区的水源问题或减轻区域需水的压力，而且可以产生良好的经济效益和环境效益，是我国21世纪水资源可持续利用的一种重要途径。在发达国家，城市雨水利用已有几十年的历史。本节介绍一些日本普通百姓和专家构思出的雨水利用办法供读者借鉴，也许你也能想出集雨的好办法。

◆把雨水收集起来

水桶化身“天水尊”

天水指雨水，尊是容器。别看“天水尊”的名字怪玄乎，其实就是拿来储存雨水的罐子或者桶。这种雨水储存罐应当放置在能拦截雨水的地面以下或地面上的适当位置。储存下来的雨水可以用于社区浇灌花草、树木或者作其他杂

◆装了水龙头的天水尊

用，还可以用于紧急情况用水、消防用水和必要时替代饮用水。发明者还给“天水尊”装上手动压水机或者水龙头，以便大家使用。还有人往“天水尊”上安装了由透明管做成的水位计，可以随时了解大致的降雨量。

普通人的奇思妙想

◆收集雨水的方式多种多样

用什么样的方法能将落在树上的雨水收集起来呢？这里提供一种方法：将“天水尊”放置在大树旁边，在“天水尊”上方大约30厘米处的树干上环绕一根稻草绳，绳的两端放入“天水尊”盖上的孔内，用来收集树干上的雨水。每个“天水尊”上装一个水龙头，下面可以放置一个盆，供孩子们玩水。发明者认为这种装置可以为孩子们提供亲水游戏的机会。一位意大利的建筑师曾经说过：在游乐场上，孩子们唯一需要的是大量的水和很茂密的树。

广角镜——雨水收集器

雨水收集器的一端可以插入现有的建筑物的雨落管，另一端则可以接上废旧的饮料瓶。这样一来，留下的雨水就可以被收集到饮料瓶中。人们可以利用这些水来浇花，在外面玩得满手是脏东西的小朋友也可以用瓶子里的水来洗手。

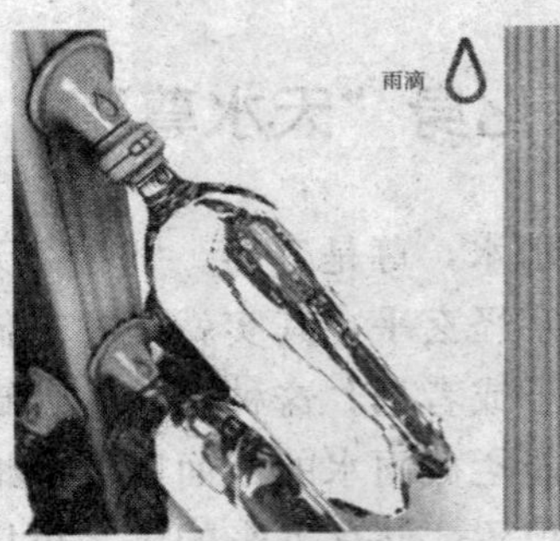

◆收集雨水来洗手

雨水墙

烈日炎炎的盛夏，过多使用空调既耗能，又会对人体产生不利的影响，其实通过洒水来降低温度的老法子很管用。于是，有人将所住房屋的整个天花板的背面都安装上雨水管，当雨水循环流过时，室内的温度能够降低大约 3℃。他还在屋顶上安装了一个洒水器，可以向整个屋顶喷洒收集的雨水。同时，雨水被收集在约 40 立方米的地下水箱中，它的温度比夏天空气的温度要低，因此这种雨水无需处理就能冷却房屋。水量充足时，地下水箱中的雨水还能用来冲厕所和洗衣服。

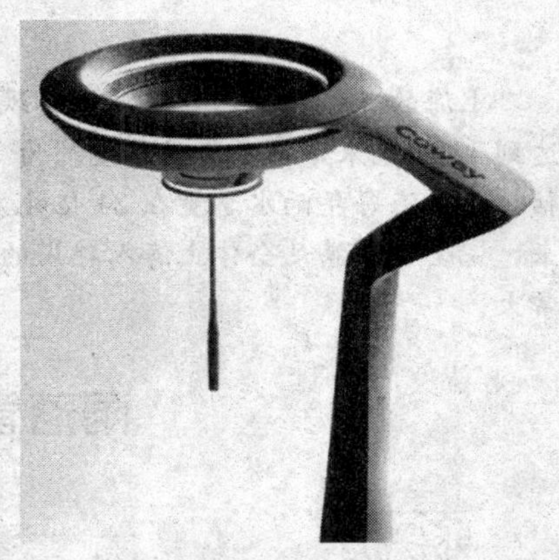

◆雨水净化后可直接饮用的雨水净化器

收集雨水的雨伞

◆用收集来的雨水浇花

如果居住在居民楼里怎样收集雨水呢？有人想出了好点子。首先，在雨伞杆与螺丝连接的地方打两个孔。然后，把雨伞杆顶端切掉大约 1 厘米，在切过的顶端接一根塑料管，再将几把张开的雨伞倒过来，伞把儿朝上挂在一根晾衣竿上。这样，落在伞里的雨水从塑料管流进集水箱。这种收集雨水的方法在居民住宅楼很容易实现。任何有中空管状伞杆儿的雨伞都可以被利用。

点击

上海的气候属亚热带海洋性季风气候，全年雨量充足。多年来，年均降雨量达到1124毫米，每年降雨总量约为70亿吨。扣除蒸发、渗透等因素，水务部门估计，上海每年雨水总量在24亿吨左右。如果把这24亿吨流失的雨水都利用起来，完全可以满足全体上海人耗用的水量。因此，在上海进行雨水利用的潜力非常大。

雨落管聚集雨水

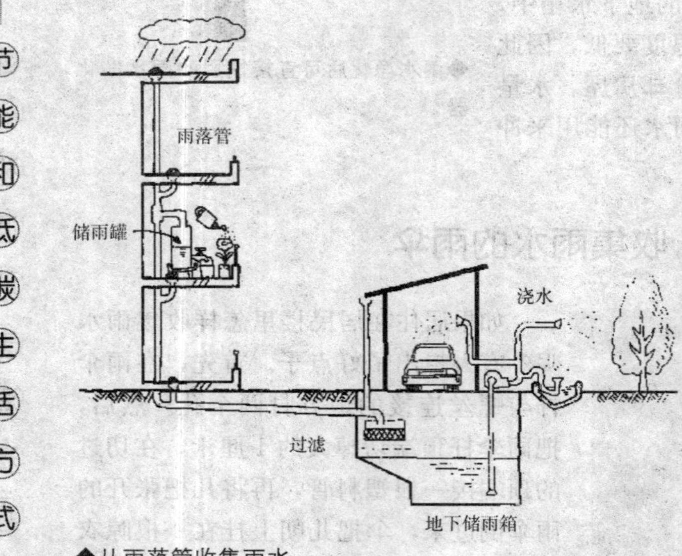

◆从雨落管收集雨水

已建成的居民楼还有很多收集雨水的方法。有人发现大多数屋顶和阳台排水沟的雨水经过雨落管流下时，都是沿着雨落管的内壁往下流的。所以，就发明了放在雨落管接头内部的一个有一定宽度的圆环。在试验中，从雨落管流下来的大部分雨水被接头处的圆环截住，然后流入另外一根通往各层住户的管子和雨水储存箱，直到装满雨水箱。高层住户的雨水箱装满后，雨水继续沿雨落管往下流，最后，不仅楼顶的住户，而且各层住户都获得了雨水。

基于同样的原理，还有更简而易行的方法，有人把一只气球通过雨落管边上的一个小孔塞进去，然后充上气，可以作为圆环的代替品。

低碳生活

——吃、穿、住、行中的节能减排

如今，全球最热的话题无疑是气候和减排，因为人类目前的生活方式显然是不可持续的。为了实现可持续发展，各国都必须实施共同而有区别的减排措施。

中国为了履行应有的减排责任将低碳经济作为今后的发展目标，这仅是生产领域的减排，13 亿人更应当担当起从生活中减排的责任。让“低碳”成为一种生活态度，一种对于环境、人类自身发展负责任的态度。这更应该是一种习惯，在生活中习惯性地抹掉自己的碳足迹，为了维护人类共同的家园，每天都问问自己：“今天我‘低碳’了吗?”

本章内容会告诉你一些与节能生活有关的小知识。

你够时尚吗
——低碳生活

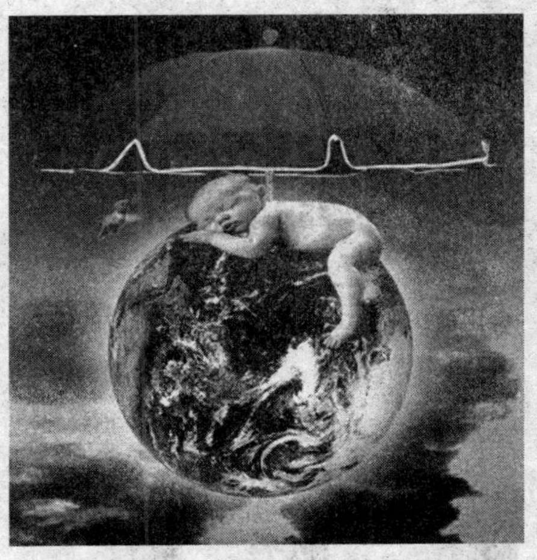

◆地球和孩子一样需要我们的关爱

《2012》中的灭顶之灾绝非耸人听闻，如果人类仍肆意地排放二氧化碳，那么电影中的场景终会实现。人们也意识到了这点，所以“低碳”一时间成为世界性的重大话题。节能减排、低碳生活，听上去好像离普通人的生活很遥远。其实我们哪怕是少开一天车，少坐一次电梯，都是在为低碳生活作努力。环保专家和环保主义者表示，提倡低碳生活，不是返璞归旧，而是要返璞创新，开发新能源。在未来几十年里，人人“低碳生活”的重要含义之一就是要人们树立忧患意识，增强节约化石能源的消耗意识，只有加强节约能源意识，才能为新能源的普及利用提供可持续发展保障。

低碳生活

低碳生活（low—carbon life）可以理解为：减少二氧化碳的排放，就是低能量、低消耗、低开支的生活。“节能减排”，不仅是当今社会的流行语，更是关系到人类未来的战略选择。提升“节能减排”意识，对自己的生活方式或者消费习惯进行简单易行的改变，一起减少全球温室气体（主要是减少二氧化碳）排放，意义十分重大。追求健康生活，不仅要“低脂”、“低盐”、“低糖”，也要“低碳”！“低碳生活”节能环保，有利于减缓全球气候变暖和环境恶化的速度，势在必行。减少二氧化碳排放，选择

◆用植树的方式来抵消生活中排放的碳

◆家园需要我们共同呵护

◆世博绿色出行“碳计算器及交通卡”

“低碳生活”，是每位公民应尽的责任。

“低碳生活”虽然是个新概念，提出的却是世界可持续发展的老问题，它反映了人类因气候变化而对未来产生的担忧，世界对此问题的共识日益增多。全球变暖等气候问题致使人类不得不考量目前的生态环境。人类意识到生产和消费过程中出现的过量碳排放是形成气候问题的重要因素之一，因而要减少碳排放就要相应优化和约束某些消费和生产活动。尽管仍有学者对气候变化原因有不同的看法，但由于“低碳生活”理念至少顺应了人类“未雨绸缪”的谨慎原则和追求完美的心理与理想，因此“宁可信其有，不愿信其无”，“低碳生活”理念也就渐渐被世界各国所接受。

> 哥本哈根气候变化峰会被冠以“有史以来最重要的会议”、“改变地球命运的会议”等各种重量级头衔。

低碳族

什么样的人可以算是“低碳族”，“低碳”又代表什么呢？简单来说，

“低碳”是一种生活习惯，是一种自然而然地去节约身边各种资源的习惯。只要你愿意主动去约束自己，改善自己的生活习惯，你就可以加入进来。当然，低碳并不意味着就要刻意去节俭，刻意去放弃一些生活的享受，只要你能从生活的点点滴滴做到多节约、不浪费，同样能过上舒适的“低碳生活”。

介绍——“地球一小时”中国区大使

2009年，李冰冰成为世界自然基金会“地球一小时”中国区大使，她积极推广环保理念，拓宽受众渠道，号召北京多所地标型建筑加入熄灯活动，并邀请多位明星一起宣传熄灯的低碳理念，据不完全统计，由李冰冰号召加入熄灯活动的人数超过100万人。活动结束后，李冰冰还被世界自然基金会授予“全球最具执行力大使”称号，以表彰她和团队的贡献。

◆李冰冰成为“地球一小时”中国区大使

低碳生活的出现不仅告诉人们，你可以为减碳做些什么，还告诉人们，你可以怎么做。在这种生活方式逐渐兴起的时候，大家开始关心我今天有没有为减碳做些什么呢？

◆设计改造过的旧衣物

低碳生活其实很简单，就在举手投足之间、就在生活的点滴之中。自觉地少开一天车、多乘坐公共交通工具出行、随手关灯、不盲目追赶大排量汽车、双面打印、用抹布代替纸

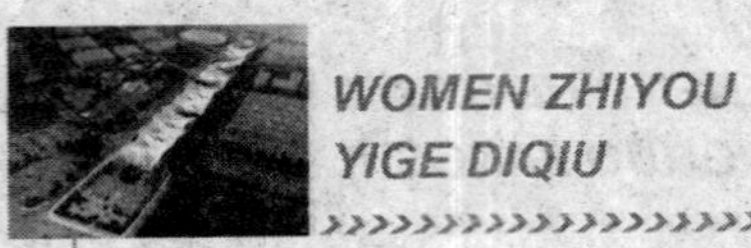

巾、及时拔掉充电器、除掉冰箱里的霜、垃圾分类、循环利用……上述没有一件难事，关键就是我们平时不会注意到这些小细节，同时对于许多节能方法和原理不了解。所以，加大低碳的常识宣传是很有必要的，只有先了解了才可能把它变成一种自然而然的习惯。

碳计算器

◆碳计算器

个人的二氧化碳排放量可以算得很精确吗？

当然可以，不仅如此，连搭电梯，洗热水澡，喝瓶装饮料这样芝麻绿豆的小事，也有办法算出碳的排放……例如，8 月 27 日：开车 25.6 千米（4.72 千克）＋搭电梯 24 层（5.232 千克）＋用电脑 10 小时（0.18 千克）＋外食三餐（1.44 千克）＋热水澡 15 分钟（0.42 千克）＋洗衣机 40 分钟（0.117 千克）＋开电风扇 10 小时人均（0.25 千克）……“台湾减碳达人”张杨干这一天的碳排放总量为 14.104 千克。

如果你用了 100 度电，那么你就排放了 78.5 千克二氧化碳。为此，你需要植 1 棵树；如果你自驾车消耗了 100 升汽油，那么你就排放了 270 千克二氧化碳，为此，需要植 3 棵树……一种特殊的二氧化碳排放量计算器这样告诉人们。

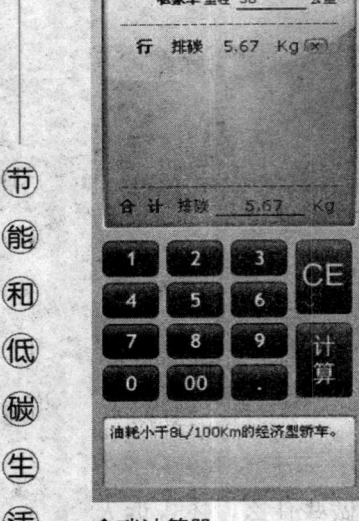

知识库

碳补偿，即 Carbon Offset，也叫碳中和。“碳补偿”就是现代人为减缓全球变暖所作的努力之一。利用这种环保方式，人们计算自己日常活动直接或间接制造的二氧化碳排放量，并计算抵消这些二氧化碳所需的经济成本，然后个人付款给专门企业或机构，由他们通过植树或其他环保项目抵消大气中相应的二氧化碳量。

近来，这种计算器在国内一些网站上相当火爆。它有一套精确的计算公式，将“公众日常消费—二氧化碳排放—碳补偿”这一链条直观而简洁地呈现出来。如果不以种树补偿，则可以根据国际一般碳汇价格水平，每排放一吨二氧化碳，补偿10美元。用这部分钱，可以请别人去种树。

小故事——低碳达人张杨干

张杨干对减碳很执著，每天记录自己的碳排放，如果上一周的碳排放太多，他会用改搭公交车、少吃牛肉、上班走楼梯等办法来减少碳排放。外号“阿干”的他，曾经从照片里看到一个小岛因为气候变暖而被海水淹没，受到触动后去英国念全球暖化硕士，毕业后一直致力于低碳生活的推广。

1. 你觉得低碳生活的意义是什么？
2. 你知道什么是“低碳族”吗？
3. 你知道什么是“地球一小时”活动吗？
4. 你觉得你能为你的低碳生活做些什么呢？

魔术厨房
——厨房中的节能细节

◆厨房是主妇们的节能重地

民以食为天，厨房占据着家庭生活的重要地位。无奈金融危机来势汹汹，节能这股风也吹进了厨房，完美主妇们既想要时尚精美的厨房设计，又要控制厨房能耗，节省开支，同时还不能影响家人的饮食质量，厨房用具的选择和合理使用还真是一个不小的课题。这里就为大家介绍一些厨房中用电用气用水的节能知识。

燃气灶火力应适中

◆燃气灶的火力有学问

火力大小是一般消费者选择燃气灶的直观指标。家用燃气灶具设计的热流量值越大，加热能力越强，但火力太大不一定好。实际上，热流量的大小应与烹饪方式及灶具相适应，如果一味追求大的热流量，会大大降低灶具热效率，增加废烟气排放量。所以在做饭时，火也不是越大越好。燃气灶是靠火焰传热给锅底的，但火焰与锅底的接触

时间很短，如果火太大，大量的热量未被利用转瞬即逝，这样可能有将近一半的燃气被浪费掉了。火的大小应该根据锅的大小来决定，火焰分布的面积与锅底面积相应为最佳，此时最能有效地传热。烧汤或是炖东西时可以先用大火烧开，然后用小火慢煮，只要保持锅内滚开而又不溢出即可。所以使用燃气灶时，不仅要使用适中的火力，还要根据自身生活习惯选择灶具。通常中国人的餐饮习惯适合于使用火力比较猛的灶具，但切记不宜选择单个炉头设计热负荷超出太多的产品。

点 击

传统电饭煲显然太耗时了，不如使用高效节能的电压力锅，不但能满足多方面的烹饪需要，快速、安全、自动实现多种烹调方式，同时还能保有食物鲜美风味，让食物不会因为长时间调理而流失营养。

小贴士

电厨房在我们的饮食起居中占据重要地位，厨房如何节能其实是很有学问的。有关专家讲了应注意的几个方面。

1. 用煤气或液化石油气做几样饭菜时，最好是一个炉子的几个炉眼同时使用，这样既节省燃料，又节约时间。有些大块的食物，应先切成小块再下锅，这样熟得更快，节省时间。

2. 做饭时，锅的种类及大小要选择适当，要与炉眼大小相匹配，小锅用小炉眼，大锅用大炉眼。不要忘记在锅上盖锅盖。锅盖可使热量保持在锅内，饭菜可以热得更快，味道也更鲜美，还可减少水蒸气的散发，减少厨房和房间里结露的可能性。

3. 熟食加热或冰冻食品解冻最好用微波炉，这样既方便、又节能。

4. 用水壶烧水时，水不宜灌得太满，以免水开时溢出。用电热水壶烧水，水一定要漫过电阻丝的高度。水壶用过一定时间后，要及时清理水垢。

根据气种选择燃气灶

◆好的燃具可以达到事半功倍的效果

我国的燃气主要分为液化石油气、人工煤气和天然气三种，各自有相适应的灶具类型，混淆使用的话不但发挥不了应有的作用，还可能产生气体泄漏或爆炸等危险。所以在选购燃气灶前，应该了解清楚家里使用的是哪种气，购买时应向销售人员说明，以选择和气种相匹配的燃气灶。

好炊具能省气

许多人认为节省燃气与炊具无关，买炊具时都比较随意。其实，炊具尤其是常用的炒锅、汤锅，作为做饭烧汤的容器载体和导热工具，在提高燃气利用效率方面起着不可或缺的作用。

◆要选择节能炊具

我国使用燃气的主要成分是碳氧化合物，如果烧饭时进风口送氧不足的话，燃气就不能正常燃烧，化合物中的碳成分就会析出游离碳，积集在锅底就变成锅黑。锅黑不仅有碍炊具美观，对煮食环境造成污染，还严重影响日后热能的正常传递，白白浪费燃气。所以除了要选购导热性好的炊具，平时应保持锅底干净。好的燃气灶点火后火焰呈浅蓝色，火力旺盛，火苗高度大小均匀一致，煤气的利用率高。如果使用红外线燃气炉具，使燃气预先与空气充分混合再进行燃烧，就会使燃烧进行得剧烈而又充分，长期使用就不会熏黑锅底。

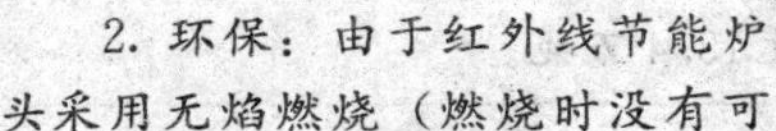

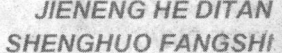

广角镜——红外线炉具好处多

1. 节能：由于红外线热辐射的特点，所以红外线节能炉头热效率高，普通燃气灶的热效率为52%，而红外线节能炉头的热效率可以达到75%以上。红外线节能炉头的节能效果也可以达到40%以上。

2. 环保：由于红外线节能炉头采用无焰燃烧（燃烧时没有可见的明火），长期使用不会熏黑炊具和污染厨房环境。红外线燃气灶因为燃烧充分，所以污染物的排放量大大低于国家标准，特别是一氧化碳的排放量，只有国家标准的十分之一。

3. 安全：红外线节能炉头有极好的抗风性能，不容易被风吹熄。不容易产生如黄焰、脱火、回火等普通燃气灶容易产生的燃烧不稳定的现象。

节约用水

◆厨房更应选择节水用具

很多年轻的主妇洗刷任何东西都喜欢打开水龙头"哗哗"地冲洗。实际上，有很多土方法清洁物品可以更有效、更节能。像金属器具生了锈，可用马铃薯皮擦拭，锈污很快可消除。液化气灶具沾上油污后，可用黏稠的米汤涂在灶具上，待米汤结痂干燥后，用铁片轻刮，油污就会随米汤结痂一起除去。如用较稀的米汤、面汤直接清洗或用乌贼鱼骨清洗，效果也不错，可减少使用各种洗涤剂和水的用量。还有一个小诀窍，就是用女士化妆时蘸爽肤水用过的无纺布替代毛巾类的抹布。这种抹布比毛巾类抹布更易于清理，节约清洗用水，也不会因为抹布清理不净而留有霉味。

节能数据

千万别小看做饭这一环节，每天做饭时留意一下就可以为节能减排做出贡献。比如用盆接水洗菜代替直接冲洗，每户每年约可节水 1.64 吨，同时减少等量污水排放，相应减排二氧化碳 0.74 千克。如果全国一亿多户城镇家庭都这么做，每年可减少二氧化碳排放 13.4 万吨。

巧用燃气

◆家家都可以拥有一个绿色厨房

巧用燃气做饭，节能降耗：

燃气燃烧时火焰呈红黄色说明缺氧，产生“脱火”现象则说明空气过多，此时可适当调整灶具风门，待火焰呈紫蓝色时，表示燃烧充分；做饭时，应先把要做的食物准备好再点火，避免烧“空灶”；若是烧汤，炖东西，先用大火烧开，转换成小火只要保持锅内滚开而又不溢出就行；做饭时，火的大小可根据锅的大小来决定，火焰分布的面积与锅底面积相应为最佳；做饭时最好不要用蒸的方法，蒸饭时间是焖饭时间的 3 倍；应先把锅、壶表面的水抹干再放到火上去，这样能使热能尽快传进锅内，节约用气；若有风把火焰吹得摇摆不定，可用薄铁皮做一个“挡风圈”，这样能保证火力集中。

吃饭也环保——低碳饮食

节电、节水、节气，这些“低碳”的生活方式始终贯穿在我们生活中的点点滴滴。我们的饮食也可以为低碳节能作贡献。少肉类的摄入就是减少碳的排放。如果每个人都减少肉类的摄入，那么将会对环境产生积极的影响。有研究表明，一个人如果每天吃肉，每年造成的排碳量是吃素者的两倍。选择适当的方式烹饪、选择合适的食物都可以为我们的家园减轻负担。倡导低碳绿色生活，保护生态环境已经成为当代绿色文明的主旋律，是善待地球实际行动。

◆低碳——从吃开始

时令蔬菜本地选

◆蔬菜的运输耗费了大量能源

从饮食上讲，低碳饮食提倡多选择本地出产的时令食物，减少食物因远距离运输而增加的碳排放，尤其要少吃空运的食物——别忘了，飞机是最大的碳排放来源。选择季节时令食物，可以减少因为冷冻、保鲜而消耗的能量。

素食主义

◆越来越多的人选择蔬菜

◆美味的牛肉却是高碳大户

在食物种类方面，应尽量选择植物性食物。多吃素、少吃肉曾经只是注重养生人士的选择，然而现在他们又多了一条理由，那就是吃素可以减少温室气体排放。人类活动产生甲烷的37%来自肉食。而甲烷的温室效应是二氧化碳的数十倍。其次，根据联合国农粮组织的调查，畜牧业所排放的温室气体，约占全人类温室气体排放量的18%。因此，少吃牛肉与乳制品，对于减缓地球暖化是有帮助的。那些无肉不欢的人也可以低碳饮食，可选择鱼、禽等粮食转换率较高的肉类。事实上，少吃肉不仅能降低温室气体排放，更对人的健康有好处。专家建议，多选择大豆类及坚果类食物，不但可以增加蛋白质的摄入量，同时还可以更多地摄入有利于健康的ω-3系脂肪酸。

知识库——吃低碳的肉

牛在消化过程中会产生甲烷，在众多肉类中，每生产1千克牛肉，会产生14.8千克二氧化碳当量的温室气体；生产1千克猪肉，产生3.8千克二氧化碳当量的温室气体；生产1千克鸡肉，产生1.1千克二氧化碳当量的温室气体。

生产1公斤鸡肉需2～3公斤粮食，4～6公斤粮食才能转化为1公斤猪肉，所以吃鸡肉对环境造成的压力远小于吃猪肉。

节能烹饪

在烹调方式上，选择简单的，以水或水蒸气为热媒的烹调方式，如凉拌、白灼、清蒸等，减少需长时间高温的烹调方式，如油炸、油煎、隔水炖等，这也与健康饮食的观点不谋而合。同时，选择节能的炉具、锅具亦有利于节碳。比如饮惯老火汤的广东人，可以把煲汤的时间缩短至 2 小时内，或选择真空焖烧锅来煲汤。

◆节能的真空焖烧锅

你知道吗?

◆微波炉中做出的蛋糕一样美味

微波炉是世界公认的高效节能环保产品，用微波炉取代传统的烹饪方式是对低碳经济和低碳生活的倡导。据权威资料显示，对同等重量的食品进行加热对比试验，微波炉比电炉节能 65%，比煤气节能 40%。如果我国 5%的烹饪工作改用微波炉进行，那么与用煤气炉相比，每年可节能约 60 万吨标准煤，相应减排二氧化碳 154 万吨。全能型微波炉代替燃气灶就是一种很好的节能选择。

健康生活

当我们善待环境的时候，才发现原来选择低碳生活时，其实也就是遵循健康的生活方式。因为在低碳饮食的过程中，竟不知不觉增加了膳食纤

◆低碳饮食带来健康生活

维、ω-3 系脂肪酸、维生素等有利于健康的营养素，减少了脂肪、钠、精制糖类的摄入，不知不觉远离了高脂血症、糖尿病、肥胖、部分肿瘤等生活方式病。

我们要享受“慢生活”，在食物的烹调制作中发现生活的乐趣。尽量少吃成品熟食，减少反复加热造成能量损耗。尽量选择加工程度低的食物，避免过于精细的食物。

小贴士——节能烹饪小点子

煮饭：淘洗的米浸泡 10 分钟再煮，可以省电。

煮蛋：煮鸡蛋时用密封性比较好的锅，水刚好能淹过鸡蛋，水沸一分钟后关火，过几分钟鸡蛋就被余热煮熟了，能节约不少电或燃气。

煮牛肉：炖牛肉时加一小撮茶叶，约为泡一壶茶的量即可，用纱布包好同煮。用这种方法，牛肉炖得快，炖得烂，味道鲜美。

煮火腿：煮火腿之前在火腿皮上涂些白糖，只需平时一半的时间就能把火腿煮烂，且味道更鲜美。

炖老母鸡：用二三十克黄豆与老母鸡同炖，熟得快且味道鲜；或者在杀鸡前给鸡灌入一汤匙食醋，用文火炖就会煮得烂熟；或者放三四枚山楂，鸡肉也易烂。

煮面条：煮面条时不要等到水沸后再下，当锅底有小气泡往上冒时就可以下，然后搅几下，盖锅盖煮沸，加适量冷水，再盖锅盖煮沸即熟。这样不但省火，而且煮出的面条柔软而汤清。

穿衣也低碳
——怎样穿衣更环保

“低碳”是环保人士倡导的一种生活方式，如今，服装也在讲究“低碳”。低碳服装是一个宽泛的服装环保概念，泛指可以让我们每个人在消耗全部服装过程中产生的碳排放总量更低的方法。其中包括选用总碳排放量低的服装，选用可循环利用材料制成的服装，以及增加服装利用率减小服装消耗总量的方法等。

◆穿着自己设计的环保服装的小朋友们

环保面料

◆罗布麻可被制成麻制品

一件衣服从原材料的生产到制作、运输、使用以及废弃后的处理，都在排放二氧化碳并对环境造成一定的影响。相比之下，棉、麻等天然织物不像化纤那样由石油等原料人工合成，因此消耗的能源和产生的污染物相对较少。在面料的选择上，大麻纤维制成的布料比棉布更环保。大麻布料对生态的影响比棉布少50%。用竹纤维和亚麻做的布料也比棉布在生产过程中更节省水和农药。

知识库——什么是有机棉

有机棉是在农业生产中，以有机肥、生物防治病虫害、自然耕作管理为主，不许使用化学制品，从种子到农产品全天然无污染生产的棉花。并以各国或WTO/FAO颁布的《农产品安全质量标准》为衡量尺度，棉花中农药、重金属、硝酸盐、有害生物（包括微生物、寄生虫卵等）等有毒有害物质含量控制在标准规定限量范围内，并获得认证的商品棉花。是一种真正源于天然、无污染、高品质的“环保棉花”。

时装界各大品牌掀起环保的新潮流。除使用麻布、谷类纤维等原料倡导环保方式外，某品牌还推出了有机棉环保牛仔裤，在这个系列的产品中，“绿色”概念细致到连卷标也由百分之百的再造纸及大豆油墨印制。某品牌不仅全部采用有机棉，还将生产线迁至非洲并教授当地居民种植、缝纫、纺织等技术。因为衣物更新过快造成浪费而被环保人士诟病的“快时尚”也开始积极开展环保事业，其代表品牌新推出的环保系列采用有机棉、有机羊毛、复用羊毛等环保面料，并悬挂出特定商标为顾客在选购环保衣物时提供便利。

知识库——竹纤维

竹原纤维是一种全新的天然纤维，是采用物理、化学相结合的方法制取的天然竹纤维。天然竹原纤维与竹浆纤维有着本质的区别，竹原纤维属于天然纤维，竹浆纤维属于化学纤维。竹原纤维的研制成功标志着又一天然纤维的诞生，其符合国家产业发展政策。天然竹原纤维具有吸湿、透气、抗菌抑菌、除臭、防紫外线等良好的性能。竹纤维作为一种绿色天然的资源性纤维，具有广阔的应用前景。

衣年轮

衣服有自己的生命线。每件衣服都有自己的从原材料生成开始，到对其进行废弃处置为止的全生命周期。低碳衣物只是所有环节中环保的基础。在制造、运输、使用以及处置的整个过程中，都会有能量的消耗，并产生碳的排放。

◆洗衣的方式也会决定一件衣物一生的排碳量

已经有人开始把服装的碳排放指数组成“衣年轮”，来判断个人对服装的使用是否有益于环保和低碳。就像从树的年轮可以看出它的年龄和状况一样，衣服也有自己的年轮，用来衡定每件衣服的使用年限、生命周期内的碳排放总量以及年均碳排放量。每件衣服的材质、每个人的使用方式和回收与否，都会影响到衣年轮的变化，也会影响到碳排放的量。

广角镜——穿衣与低碳

英国环境资源管理公司计算过一件约 400 克的 100％涤纶裤子在其“一生”中消耗的能量。该裤子在中国台湾生产原料，在印度尼西亚制作，运到英国销售。假定其使用寿命为两年，经历了 92 次洗涤，用 50℃温水的洗衣机洗涤，烘干机烘干后，平均花 2 分钟熨烫。这样算来，全部耗量约为 200 度电，如果电能由煤提供，就会排放出约 47 千克的 CO_2，相当于裤子本身重量的 117 倍。而如果每人每年少买一件衣服，按腈纶衣服的能耗标准，以生产每吨衣服消耗相当于 5 吨标准煤计算，则少买一件 0.5 千克的衣服能够减少排放 5.7 千克 CO_2。可见，少买新衣、多穿旧衣、少用洗衣机这样的低碳着装行为也非常重要。

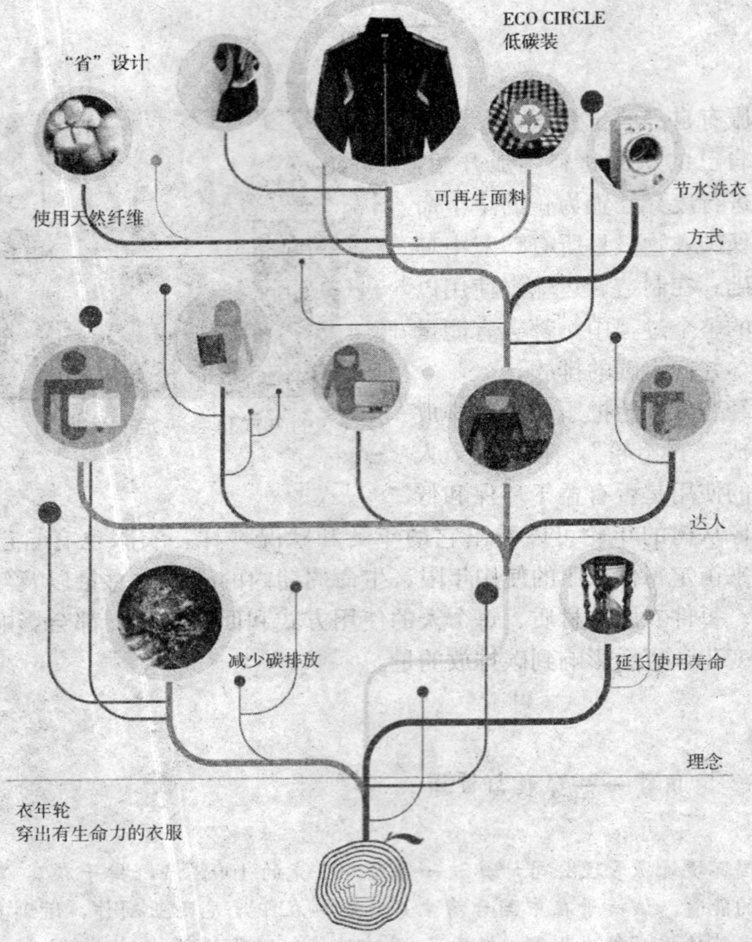

◆衣服的生命线

生活中的爱衣之道

穿衣以大方、简洁、庄重为美，加少量的时尚即可。相比那些时尚的服饰，传统衣着的保鲜度和耐用性更好。外出时穿的正式服装和家居服分开，回家就换上宽松舒适的家居服，可以延长正装的寿命。吃饭、走路时

注意照管衣服，避免溅上油污和泥渍。做饭、干活时穿上围裙或劳动服，保护衣服不被损污。洗头、洗脸时，用毛巾遮护衣领，卷起袖子，避免衣服被水打湿。脱下来的衣服要折叠好，放在衣柜里或者挂进衣橱，不要在外面乱堆乱放，以免落上尘埃杂秽。晚上休息时换上睡衣，既整洁又不损坏衣服。服装庄重整洁，举止礼貌得体，才真正有威仪、有面子。

◆衣物合理收藏

1. 知道穿衣怎么样才能低碳吗？
2. 身边的衣物有哪些是环保面料制成的呢？
3. 你有为衣物减碳的好办法吗？

精打细算
——节能电器细挑选

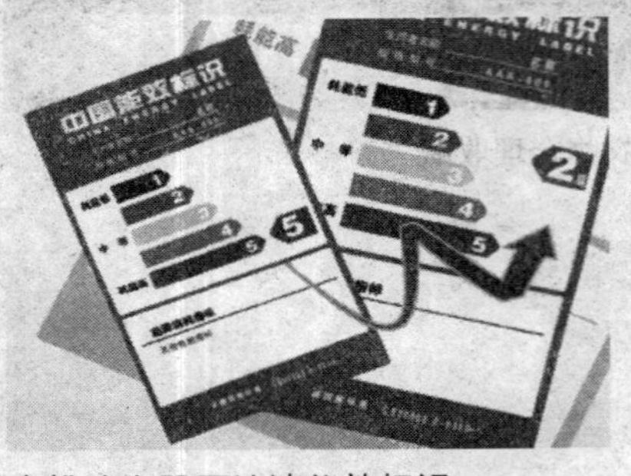
◆挑选电器要认清能效标识

一个三口之家，一个月的水、电、气的能源支出平均在500至600元之间，最高的可达1000元左右，最少的也有300元左右。家庭能源账是一笔流水账，不算不知道，一算吓一跳，对于一个家庭来说，一年下来也是一笔不小的开支。对于国家来说，千万个家庭的能耗不仅是一笔数目可观的经济账，更是一笔事关未来和子孙的资源账。在居家生活方面，人们应购买高能效电器设备。在日常生活中“节能减排”，为保护环境作出贡献。

节能冰箱

要真正舒心地使用节能冰箱，关键是购买冰箱时不但要关注冰箱的节能指标，更要关注冰箱的制冷效果。理性选择节能冰箱，首先要看冰箱是否采用了高效制冷剂和高效压缩机。消费者需要谨防某些商家通过牺牲或削弱冰箱的制冷效果，来达到表面上的低耗电量。其次要选择冷冻保鲜效果好的节能冰箱产品。最后，消费者在选择节能冰箱时还应该比较冰箱的有效容积。在整体容积相同的情况下，耗电量相同的两款冰箱，冷冻室越大的冰箱，节

◆要选择符合能效标准的冰箱

能效果越好。而通常消费者在购买节能冰箱时，几乎都没有考虑到冰箱的有效容积问题。

广角镜——1度电在家中能做些什么？

经专家测算，每节约1度电，相应地节省大约400克标准煤、4升水，减少排放大约272克粉尘、997克二氧化碳、30克二氧化硫、15克氮氧化物等污染物。节能空调每小时少耗电0.24度，节能冰箱每年省电约100度，节能洗衣机用电少一半，节水约4成。

空调选择

专家建议消费者在选购节能空调的时候，一定要认准国家节能机构颁发的空调节能认证，谨防有些厂家夸大宣传效果。按照空调的种类，变频空调比普通空调省电，普通空调又分能效级别。我国的空调技术大部分源于欧美和日本，目前把空调器按能效等级分为5个等级，最高的能效比指标为3.4，最低的能效比指标为2.6。能效比越高越节能，能效比越高越省电，但专家建议消费者在选购节能空调时不用一味注重高能效比，能效比适中即可。一般来说，一间20～25平方米的卧室，选一套正一匹的空调挂机比较合适。如果是顶楼或是太阳西晒的房间，可适当选一台匹数稍大一些的空调。柜机因启动快、输送风力均匀，适合在客厅安装。

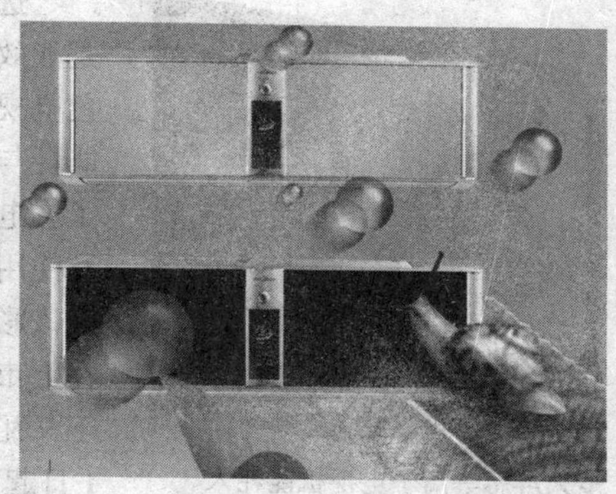

◆变频空调更节能

你知道吗？

级别	能效比	耗电量
一级	3.4	0.735 千瓦时
二级	3.2	0.781 千瓦时
三级	3.0	0.833 千瓦时
四级	2.8	0.893 千瓦时
五级	2.6	0.961 千瓦时

电视机能效

◆大屏幕等离子电视机能耗大

选择高品质的节能电视机关键的指标是能效标识指数。电视机能效指数是指彩色电视机在标准测试条件下，实际测得的能耗与基准能耗的比值，该基准能耗考虑了彩电的图像、声音、处理、电力供应以及使用习惯等耗能因素。能效指数越小，则该彩电越节能。按照国家标准规定，现在上市销售的彩色电视机待机能耗不能高于 9 瓦，能效指数为 1.5。自 2009 年 3 月 1 日起，上市销售的彩色电视机待机能耗不能高于 5 瓦，能效指数为 1.0，而待机能耗达到 1 瓦的可评为节能产品，能效指数为 0.75。目前市场上大约有 20%的产品达不到节能标准——待机能耗低于 9 瓦的强制性规定。

广角镜——美加州停售等离子电视

美国加利福尼亚州正准备下令停止销售大屏幕等离子电视机。加州能源委员向电视机制造商们透露新的电视机制造标准。

这项法案涉及当下正在销售的25%的大屏幕电视机。届时，市场上的所有等离子电视机将被禁止销售。因为等离子电视机是能源消耗大户。对此，各个等离子电视机制造商均表示，他们可以尽快更新产品线，并开始投放许多液晶电视机到市场中，以满足市场的需要。

在加州，电视机的用电量占住宅能源使用电量的10%，并占该州用电量的2%。该项决策将会使加州的电力支出在今后的10年中减少81亿美元。加州政府也将不必再建造一座电厂了，节省下来的电力还能为46.1万个家庭提供用电。

挑选合适的洗衣机

滚筒式洗衣机的耗电量最大，洗涤时间较长，价格较高，但耗水量却是最小的。搅拌式与波轮式洗衣机的耗电量相近，但两者的耗水量却远远大于滚筒式洗衣机。其次，脱水转速高的洗衣机比较节水。对于全自动洗衣机而言，重要的是如何将洗涤物中的洗涤剂尽可能多地与其分离，减少清洗用水。

◆让阳光晒干衣服

小贴士

选择适当的洗衣方式：

常洗涤衣物的质料：如果家中常洗涤的衣物以毛料、丝绸居多，建议选购滚筒式洗衣机；如以洗涤棉布衣物为主，则建议选择搅拌式或滚筒式洗衣机。清洗程序的选择：目前许多类型的洗衣机将水位段细化，洗涤启动水位也降低了1/2，洗涤功能可设定一清、二清或三清功能，消费者完全可根据不同的需要选择不同的洗涤水位和清洗次数，从而达到节水的目的。

生活中的点滴
——电器使用窍门多

节能减排，抗击气候变化，其实与我们的日常生活息息相关。我国70%以上的电力来自煤炭燃烧发电，发电过程不仅造成大量污染，发电导致的二氧化碳排放和温室效应更是导致气候变暖的元凶。节能可以减排二氧化碳，也就可以帮助减少、减缓气候变暖。你在生活中注意节能了吗？你知道换用节能灯来照明，调低电视机屏幕亮度，乘坐公共交通工具出行……就能节约多少度电、为气候变暖带来多大改观吗？如果你对这些还不够了解，现在就来看一下本节的节能减排小知识。你不用降低生活质量，轻轻松松就能为减缓气候变暖作贡献，跻身环保节能型家庭。

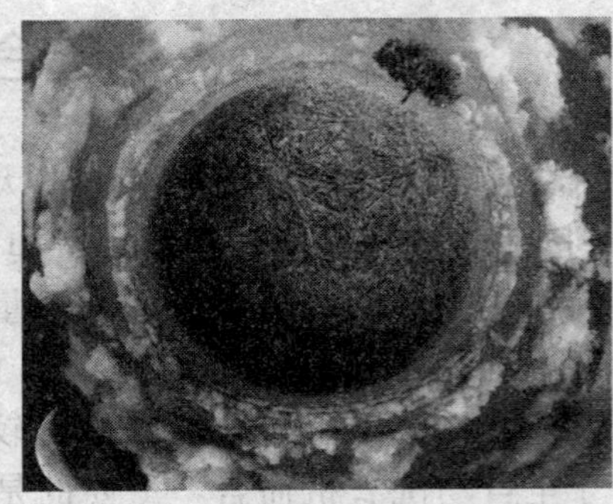
◆用我们的努力来保护家园

照明

一般居家所耗的灯光可占家庭中电费支出的15%至20%，因此你应只在有需要时才使用，并在不用时随即熄掉。

尽量善用日光。

购置新的灯光设备时，请尽量考虑节能灯泡。

应认真安排电灯的位置，并尽可能采用只照明工作区域用的工作灯。

◆多利用阳光来照亮居室

宜采用一盏高瓦数电灯作全面照明之用，以代替多盏低瓦数电灯。

家中主要起居生活的地方宜选用浅淡及高反光率的装修色调并选取透光率高的浅色灯罩，并保持灯光设备及灯泡洁净以达到最高照明效益。

点 击

美国的能源部门估计，单单使用高效节能灯泡代替传统电灯泡，就能避免四亿吨二氧化碳被释放。

空调

很多人将冷气机的温度调校得太低，其实只需将冷度调校於符合能源效益的气温，令家人感到舒适而非寒冷即可。睡眠时，人的代谢量减少 30%～50%，将空调设于睡眠开关挡，设置比非睡眠时的温度高 2℃，可达到节电 20%。

应将无需冷气的地方关上，并将无人使用范围内的冷气机关掉。

◆拔掉插头也节能

天气开始转热之际，应清洁或更换所有冷气机隔尘网，其后亦应每两星期检查及清洁一次。

将门窗的缝隙封好，以免冷气流失，并且在夏季应有效地避免日光的直射，可节电约 5%。

尽可能使用定时控制来开关冷气机。

出风口调节高度适中。制热时导风板向下，制冷时导风板水平，效果较好。

合理安装空调配管。空调的配管短且不弯曲，制冷效果好且不费电。

出风口保持顺畅。不要堆放大件家具阻挡散热而增加无谓耗电。

节能数据

我国城市家庭的平均待机能耗相当于每户使用一盏15～30瓦的长明灯！照此推算，一户普通人家一年因待机而消耗的能源折合人民币近60元，全北京市300多万户居民家庭每年要为待机能耗支付1.8亿元。

冰箱

◆冰箱不能放得太满

购买电冰箱应挑选高能源效益的型号。单门冰箱最为节电，其次是上下格双门冰箱，再其次才是左右开双门冰箱，而冰箱容积亦应以符合家庭的需要为佳。

冰箱应避免放置於太阳直射的地方，亦切勿放置于近炉灶具或任何其他发热物体旁。冰箱顶部及两旁应保留30厘米空间，背面则至少需预留4厘米空间散热。

切勿将冰箱调校于不必要的过冷度数，因为这样只会浪费电力。

冰箱内储存的所有食物应先封好及排列有序，让冷空气可流通无阻。

切勿将高热或温暖的食物放进冰箱内，应先行让食物冷却至室温。

开关冰箱不宜过于频繁。

所有冰箱门均应关闭妥贴，并须确保门密封垫没有漏气。检查密封垫时可用一张纸尝试揳入雪柜门隙，如有虚位让纸张活动，便需要换密封垫。

冷冻食物的解冻，应於煮食前一天将食物从冰格放入其他冷藏格内。

若家中冰箱并非是无霜或循环除霜的型号，则应定期为其除霜。所积聚的冰霜以不超过6毫米厚为宜。

勿让杂物遮挡冷凝管，并须保持清洁，以免尘埃积聚导致温度上升。出门远行前应先清理冰箱内一切食物，然后关掉电源。

电视机

控制亮度，一般彩色电视机最亮与暗时的功耗可相差 30～50 瓦，室内开 1 盏低瓦数的日光灯，把电视亮度调暗一点儿，收看效果好且不易使眼疲劳。荧光屏上不要加滤色片，加了滤色片就要增大亮度提高功耗。白天看电视拉上窗帘，可相应降低电视机亮度。

◆观看电视应拉上窗帘

广角镜——太阳能电池

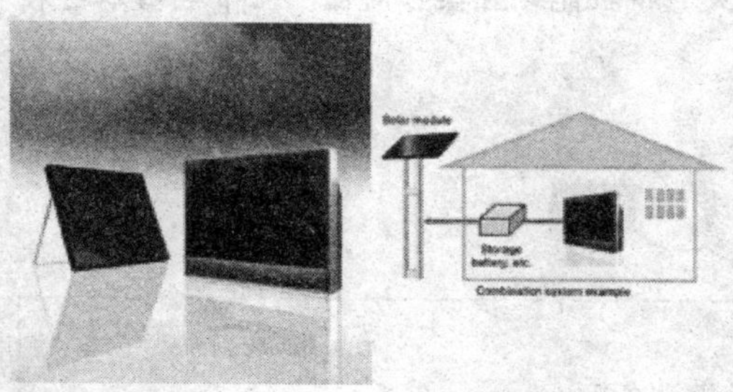

◆太阳能电池

日本的夏普公司设计了一台能100%利用太阳能的 26 英寸太阳能液晶电视机。由于其采用了特殊的线路与元器件，所以这台电视机的能耗甚微，与现在市场上的液晶电视机相比，耗电也只是其三分之一而已，算下来一年能节省一半以上的能源消耗。也正因为这台电视机的能耗极低，使得它可以使用与其液晶屏相同尺寸的夏普薄膜太阳能电池组件来供电。所以这台“环保电视机”应该会受到众多有环保意识消费者的青睐。

洗衣机

◆洗衣机和马桶的组合

选购洗衣机，大小应以符合你的需要为标准。

水平滚轴的前置式（或前门式）洗衣机比垂直转轴或顶置式洗衣机耗水量较少，且更为节电。

应装满一机衣物才洗衣，因半满与全满均耗用同等电力。

尽量采用低温洗衣程序，并且切勿使用过量洗洁剂。

特别是使用干衣机前，先采用高速旋转脱水程序较为节电。

小贴士

家用电器智能化待机节电器，其外形像一个电源转换器，插在电源插座和家电插头之间，它能自动检测家用电器的待机信号，切断电源，同时也可接受遥控开机信号，接通电源。当各类带有红外线遥控器控制的家用电器开启后停用时，不必拔下家用电器插头，照样能“消灭”待机能耗且操作简便。而节电器本身耗电在0.5瓦以下。

1. 看一下，你的家中有哪些节能设备？
2. 你知道什么是待机能耗吗？
3. 你觉得你家的电器使用中有哪些需要改进之处？

巧用电池
——电池的使用

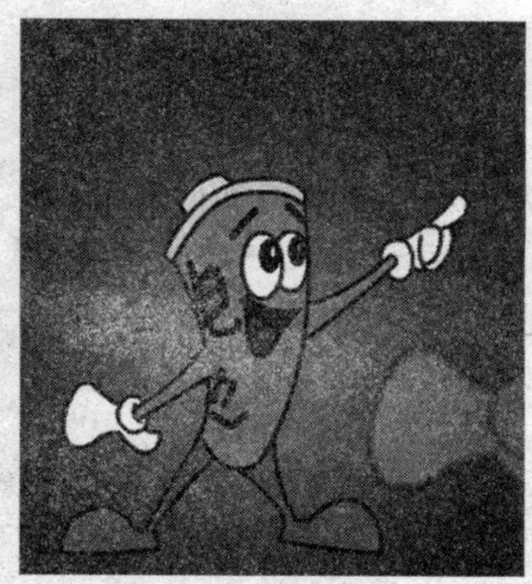

◆正确使用电池可以延长电池的使用寿命

电池作为一种便携式的移动动力电源，伴随着电池技术的飞速发展，在我们的现实生活中得到了广泛的应用，特别是在通信设备中大量使用，几乎可以说人人离不开它。但是很多人在错误地使用电池，特别是在使用充电电池时方法不得当，或者是缩短了电池的寿命，或者是用坏了电池，甚至是损坏了电器。因此，根据所用充电电池的特性，正确、合理地使用电池就变得非常实用，也非常重要。注意平时的保养延长电池的使用寿命，既减少了花费又能环保节能，一举两得哦。

手机电池

在使用锂电池中应注意的是，电池放置一段时间后则进入休眠状态，此时容量低于正常值，使用时间亦随之缩短。但锂电池很容易激活，只要经过 3～5 次正常的充放电循环就可激活电池，恢复正常容量。由于锂电池本身的特性，决定了它几乎没有记忆效应。对于锂电池的“激活”问题，众多的说法是：充电时间一定要超过 12 小时，反复做三次，以便激活电池。这种“前三次充电要充 12 小时以上”的说法，明显是从镍电池（如镍镉和镍氢）延续下来的说法。所以这种说法，可以说一开始

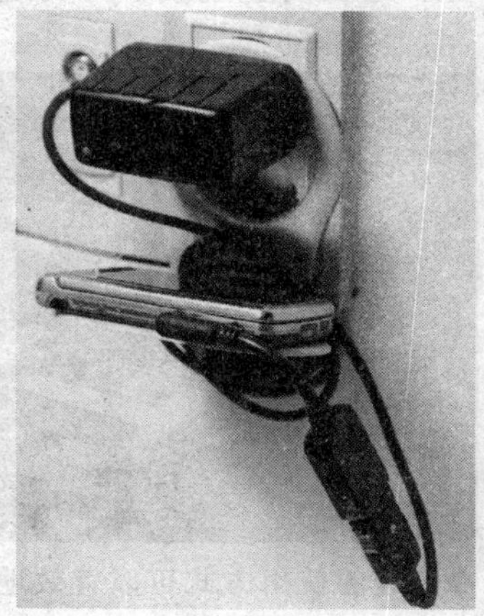

◆手机充电挂

就是误传。锂电池和镍电池的充放电特性有非常大的区别，过充和过放电会对锂电池、特别是液体锂离子电池造成巨大的伤害。因而充电最好按照标准时间和标准方法充电，特别是不要进行超过 12 个小时的超长充电。通常，手机说明书上介绍的充电方法就是适合该手机的标准充电方法。

知 识 窗

电池记忆效应

电池记忆效应是指电池的可逆失效，即电池失效后可重新回复的性能。记忆效应是指电池长时间经受特定的工作循环后，自动保持这一特定的倾向。这个最早定义在镍镉电池，镍镉的袋式电池不存在记忆效应，烧结式电池有记忆效应。而现在的镍金属氢（俗称镍氢）电池不受这个记忆效应定义的约束。

笔记本电脑的电池

电池属耗材，早期的电池有相当明显的记忆效应，现在基本上已经难得一见。早几年的电池控制芯片还没有做得如此完善，故而不但要防止过充，还要防止过放，因为过充和过放都会极大地缩短电池的寿命。经过这

◆正确的使用方式可以有效地延长电池寿命

◆笔记本要定期使用电池

几年来的研发，电池过充问题已基本得到了解决，但是我们仍然要重视过放问题。与早期的镍氢电池不同，目前普通使用的锂电池若经常将存储的电量完全放光的话，那么反而会极大地缩短电池寿命，表现出来的便是电池组容量大幅下降。

那么电池应保留多少电量为宜呢？电池组残留的电量最好不要低于总电量的50%。

对于长期不使用的电池，我们应该如何保存呢？很多人可能会把电池充满，然后往边上一放了之。其实这样是不对的，这样电池组中的电芯也会毫不留情地老化下去。电池不应该全部充满，只需充至总电量的40%～65%左右即可。把充好电的电池取下，用保鲜纸包起来妥善放在一个通风阴凉且不为阳光直射的地方。

广角镜——废电池照明设备

◆能源种子

我们都知道，如果不妥善处置我们用完的碱性电池那么对环境的影响是很糟糕的，正确的做法是把它们送到专门的回收中心。但在这之前它可能仍然有剩余的电量，于是出现了一种很好的解决办法那就是能源种子，它是一个可以采用旧的碱性电池供电的LED灯柱。它有一个插槽，几乎适用所有种类的电池，它用余电为我们照明，以便节省能源避免浪费。当然，当余电全部用完就会有人来回收它们了。

电动车电池

即便你的续行能力要求不长，充一次电可以使用2到3天，但是还是建议你每天都充电，这样使电池处于浅循环状态，电池的寿命会延长。一

◆电动车最好每天充电

些用户以为电池最好是基本使用完了以后再充电，这个做法是不对的，铅酸蓄电池的记忆效应没有那么强烈。经常放完电对电池的寿命影响比较大。多数充电器在指示灯变换且指示充满电以后，电池充入电量可能是97%～99%。虽然仅仅欠充电1%～3%的电量，对续行能力的影响几乎可以忽略，但是也会形成欠充电积累，所以电池充满电的指标灯亮以后还是尽可能继续进行浮充电，对抑制电池硫化也是有好处的。

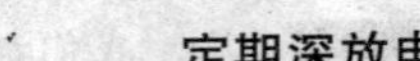
小贴士

定期深放电

电池定期进行一次深放电也有利于“活化”电池，可以略微提升电池的容量。一般的方法是，定期对电池进行一次完全放电。完全放电的方法是在平坦路面正常负荷的条件下骑车到第一次欠压保护。注意，我们特别强调第一次欠压保护。电池在第一次欠压保护以后，电池经过一段时间以后，电压还会上升，又恢复到非欠压状态，这时候如果再使用电池，对电池的伤害很大。在完成完全放电以后，对电池进行完全充电。会感觉电池容量有所提升。

干电池

当手电筒灯光变暗时，可以将电池装在普通晶体管收音机里继续使用一段时间。

如果把新旧电池接在一起用，旧电池内的电阻实际上就成了电路中的一个电器，会把电白白消耗掉，而且一直消耗到新、旧电池的电压相等时才停止。因此，新旧电池不能混合在一起使用。

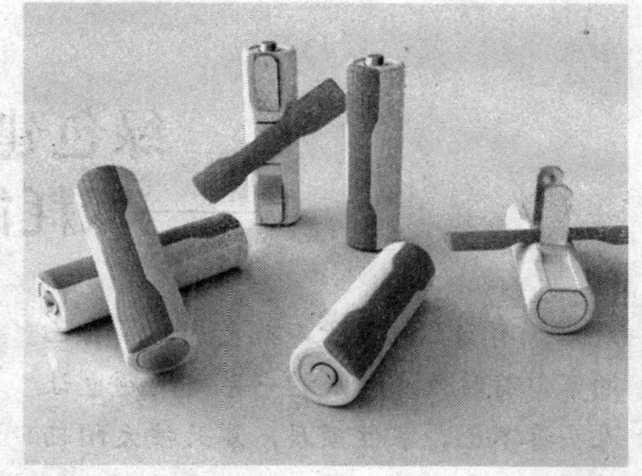

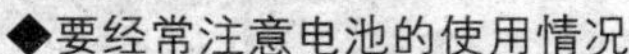
◆要经常注意电池的使用情况

◆不用充电器的充电电池

当你正在用电动剃须刀或是听半导体收音机时，突然电池电力不足，而手头又无新电池更换时，可把电池取出，用力捏至外皮瘪了之后再装回去，就可继续使用。此方法可重复多次使用。也可以把快没电的电池取出，放在暖气片上温烤，或置于阳光下热晒半小时至1小时。

手电筒不用时，可将后一节电池反转过来放人电筒内，以减少不使用时电池的放电，延长电池使用时间。

不用的干电池可放在塑料袋中送入电冰箱里保存。不用的干电池会缓缓放电。如果把干电池放在塑料袋中送入电冰箱里保存，可延长其使用寿命。

1. 你知道该怎样给手机充电吗？
2. 你知道什么是电池记忆效应吗？
3. 你知道笔记本电脑的电池长时间不用该如何保存吗？

绿色建筑
——低耗能房屋

拥有自己的房子，就是拥有了自己的家，有时住房带来的一系列问题也让人头疼不已，家住顶层，夏天被太阳晒透屋顶，空调要一刻不停地要开着，但是谁都知道空调开久了对身体不好。而到了冬天，墙体似乎也挡不住寒风……随着全球气候的变暖，世界各国对建筑节能的关注程度正日益增加。人们越来越认识到，建筑使用能源所产生的CO_2是造成气候变暖的主要来源之一。节能建筑成为建筑发展的必然趋势，绿色建筑也应运而生。

◆更接近自然的绿色建筑

什么是绿色建筑

◆绿色建筑标制

一般而言，节能建筑是指按节能设计标准进行设计和建造、使其在使用过程中降低能耗的建筑。而绿色建筑则含义更广泛，它是指为人们提供健康、舒适、安全的居住、工作和活动的空间，同时在建筑全生命周期（物料生产、建筑规划、设计、施工、运营维护及拆除、回用过程）中实现高效率地利用资源（能源、土地、水资源、材料）、最低限度地影响环境的建筑物，绿色建筑因此也有人称为

◆和自然融为一体的办公室

生态建筑、可持续建筑。

所谓“绿色建筑”的“绿色”，并不是指一般意义的立体绿化、屋顶花园，而是代表一种概念或象征，指建筑对环境无害，能充分利用环境自然资源，并且在不破坏环境基本生态平衡条件下建造的一种建筑，又可称为可持续发展建筑、生态建筑、回归大自然建筑、节能环保建筑等。

绿色建筑的室内布局十分合理，尽量减少使用合成材料，充分利用阳光，节省能源，为居住者创造一种接近自然的感觉。以人、建筑和自然环境的协调发展为目标，在利用天然条件和人工手段创造良好、健康的居住环境的同时，尽可能地控制和减少对自然环境的使用和破坏，充分体现对大自然的索取和回报之间的平衡。

点　击

绿色建筑的基本内涵可归纳为：减轻建筑对环境的负荷，即节约能源及资源；提供安全、健康、舒适性良好的生活空间；与自然环境亲和，做到人及建筑与环境的和谐共处、持续发展。

绿色建筑设计理念

绿色建筑设计理念包括以下几个方面：

节约能源：充分利用太阳能，采用节能的建筑围护结构以及采暖和空调，减少采暖和空调的使用。根据自然通风的原理设置风冷系统，使建筑能够有效地利用夏季的主导风向。建筑采用适应当地气候条件的平面形式

◆汽车和房屋的节能组合

及总体布局。

节约资源：在建筑设计、建造和建筑材料的选择中，均考虑资源的合理使用和处置。要减少资源的使用，力求使资源可再生利用。节约水资源，包括绿化的节约用水。

回归自然：绿色建筑外部要强调与周边环境相融合，和谐一致、动静互补，做到保护自然生态环境。

◆低耗能住房设计

绿色建筑的优势

◆世博轴

同一般的建筑相比，绿色建筑主要在四个方面有所区别：

第一，建筑能耗显著降低。据统计，建筑在建造和使用过程中消耗了全球能源的50%，产生了34%的污染。

绿色建筑则大大减少了能耗，和既有建筑相比，它的耗能可以降低70%～75%，最好的能够降低80%。在有些发达国家，像丹麦、瑞士、瑞典甚至提出了零能耗、零污染、零排放的建筑理念。

第二，一般的建筑采用的是商品化的生产技术，建造过程的标准化、产业化，造成了大江南北建筑风貌大同小异、千城一面。而绿色建筑强调的是突出本地的文化、本地的原材料，尊重本地的自然、本地的气候条件，这样在风格上完全是本地化的，所以产生出新的建筑美学。

绿色建筑向大自然的索取是最小的，也就是最美的。这样的建筑，创

◆德克萨斯州的峡谷观光中心

造了一种新的美感和健康舒适的生活条件。

第三，传统建筑是封闭的，与自然环境完全隔离，室内环境往往是不利于健康的。绿色建筑的内部与外部采取有效连通的办法，会对气候变化自动调节，打个比方，建筑像鸟类那样，它可以根据季节的变化换羽毛。

第四，旧的建筑形式仅仅是在建造过程或者是使用过程中对环境负责，而绿色建筑强调的是从原材料的开采、加工、运输一直到使用，直至建筑物的废弃、拆除的全过程。强调在建筑从诞生到拆除的全过程中，都要对全人类负责、对地球负责。

被动节能建筑

所谓被动节能建筑，其关键内容就是把先进的保温、密封和通风技术有机地结合为一体，营造出与外界相对隔绝的空间，最大限度阻止外部过冷或过热空气进入，并主要利用太阳能作为能源，同时尽可能地利用地热、家用电器、甚至人体自身产生的热量作为房屋需要的热源。因此这种建筑几乎不需什么能源，就可以保障室内温度达到人类正常生活之需。

点击——高能耗建筑

令人担忧的是，我国建筑能耗的总量正呈逐年上升趋势，在能源总消费量中所占的比例从上世纪70年代末的10%，已上升到近年的27.45%。目前，我国正处于工业化和城镇化快速发展阶段，以现在的建设速度，预计到2020年，全国高耗能建筑的面积将达到700亿平方米，仅空调夏季高峰负荷将相当于10个三峡电站满负荷能力。这些建筑在接下来几十年至上百年的使用时间里，采暖、空调、通风、炊事、照明、热水供应等方面都要不断消耗大量能源。建设部研究表明，我国建筑耗能比例最终将上升至35%左右。

广角镜——贝丁顿生态村

◆贝丁顿生态村

英国伦敦的贝丁顿生态村建成于2002年，拥有公寓、独立洋房等住宅82套，另有大约2500平方米的工作空间、一个展览中心、一家幼儿园、一家社区俱乐部和一个足球场，共有居民210人、工作人员60人。贝丁顿生态村的设计理念是“零能耗发展社区”，即整个小区只使用可再生资源产生的能源，就能满足居民生活所需，不需要向大气释放二氧化碳，有效减少能源、水和汽车的使用率。当然，“零能耗”是设计师们的理想，并非一点能源都不用，而是尽可能多地节省能源。在贝丁顿，五颜六色的漏斗形状建筑不仅漂亮，而且是整个开发项目至关重要的一个环节。它们有以风为动力的自然通风烟囱。一个烟囱将房屋内的废气排出，而其他的烟囱则将新鲜空气吸进来。再结合其他高科技设备，这便会保证在房里无论春夏秋冬哪个季节都能保持舒适的温度。贝丁顿没有任何天然气中央暖气系统，为了保证高度的绝缘性，墙里面还加入了大量矿毛绝缘纤维，保证吸收的热量在5天内不会消散。保证冬天住房的舒适温度。为了尽可能多地吸收热量，温室全部朝阳且都安装了三层玻璃。贝丁顿每一间朝阳温室都安装有太阳能电池板。由于风轮机有噪声，再加上对整体环境有影响，生态村就没有使用风轮机。设计者并没有使用太阳能电池板发电，而是让它们为生态村的电车和滑行车提供电力。同时，该地区降雨丰富，每次降雨结束时，生态村的大储水池里便蓄满了雨水，经过自动净化过滤器的过滤，居民就可以直接用于清洗卫生间、灌溉树木以及公园水景。如果在房屋空置期温度急剧下降，那么自动恒温装置将启动备用的滴流式热源，这对保证房屋内的舒适温暖至关重要。贝丁顿内的建设同样注重材料的可持续性。厨房每个橱柜分为四个部分，使居民很容易对废物进行循环使用。每家每户循环使用垃圾箱。组合热力发电站不使用英国高压输电线网的电力，也不使用天然气，而是使用木材等废物发电。

你选择好光了吗——合理照明

灯具是营造居家温馨气氛的好帮手之一。一般而言，一室多灯的概念已被人们接受，但如何合理地分配这些灯源，使消费者在美化居家及节约能源之间取得平衡，营造出理想的效果便是一门学问。随着家庭收入的提高，家庭装修也越来越繁复，其中"灯"不再仅有照明的功能，更有装饰美化的效果。但在电力不足的时候，提高照明效率，合理分配灯具照明，才能使消费者在美化居家及节约能源之间取得平衡。

◆灯是现代家居不可缺少的部分

合理安排照明

◆办公室中合理安排照明

大多数照明灯实际上是会发亮的加热工具。即使是效率最高的荧光灯也只能将其利用电能的一小部分转化成光能，另外的大部分都转化成了热量。现在很多场合仍在使用白炽灯，白炽灯的效率仅及荧光灯的三分之一或四分之一。白炽灯所用的电能仅有极少部分转化成光能，其余都转成了热能量辐射掉了。

很多大型写字楼通过照明系统产生的热量足以使大楼不再需用其他取暖设备。有些写字楼由于用灯量过大，甚至冬天也要开空调制冷。在使用空调的大楼当中，每增加2瓦不必要的照明用电，就需要多用1瓦电进行制冷。重要的是照明应为功能服务，也就是说，能完成所要达到的目的就可以了，不必超出需求。很多办公室外的走廊上的照明“用于穿针引线、进行微雕都绰绰有余”，而它却只是为人们从一个办公室走到另一个办公室照亮。

广角镜——太阳能落地灯

◆太阳能落地灯

这款落地灯的造型有些类似于雨伞。这款产品可以在白天吸收日照，晚上再利用白天吸收的太阳能来点亮内置的十分省电的LED节能灯。由于其顶棚采用透明的材料制成，因此到了晚上，在柔和的LED灯光的映衬下，周围的一切都显得格外宁静和安详。

灯光创造居家氛围

灯对于家庭而言，灯具有相当重要的地位，不但提供黑暗中的照明，更具有营造居家温馨、浪漫或轻松气氛的功能，但在居家空间的规划上，全然一味地使用省电的日光灯或耗电量大的白炽灯都绝非明智之举。如果要营造居家沉稳之感，建议将亮光部分置于低处。大空间的客厅，可放置立灯于角落，增加夜间照明。餐桌上的照明可采用吊灯，高度以不妨碍进食为宜。华丽气氛的场合可用投射而下的绚烂灯光为装饰，例如：水晶吊灯。对于用电时间长的空间，例如：客厅、房间等宜使用用电效率高的日

◆灯光带来的艺术气息

◆可使用落地灯进行局部照明

光灯。白炽灯或目前常见的卤素灯（轨道灯或嵌灯）适用于局部照明，增添黄色灯光的温和感。居家空间到底适用何种灯源，除依据室内的整体规划外，应考虑用电的效率及各场所所需之照度。

链接：什么是照度？

所谓照度是指被照体单位面积所受的光通量，其单位为勒克斯（Lux）。每一不同使用目的的场所，均有其合适的照度来配合。例如：起居间所需之照明照度为150～300Lux；一般书房照度为100Lux，但阅读时所需之照明照度则为600Lux，所以最好使用台灯作为局部照明。

光源的选择

选用光源也应注意色温及演色性。色温是指光的颜色，不同光色的光，有不同的色温，例如：当光源色温在3000度以下时，光色会有偏红的现象，给人感觉是温暖的。色温若超过5000度时，颜色则偏向蓝光，营造清凉感，因此光源色温度的高低变化会影响室内之气氛。演色性（Ra）是物体在光源下的感受与在太阳光下感受的逼真度百分比，演色性高的光源

◆多利用自然光

对颜色的表现较好，宜为眼睛所看到的颜色愈接近自然原色。灯具是营造居家温馨气氛的好帮手之一，要长久维持明亮、干净的照明并达到节约能源的目的，要做到定期清洗照明设备。灯具久未清洗，易使灰尘聚积于灯管，影响输出效率，故建议至少3个月清洁一次灯具。

你知道吗?

市场上有很多灯可供选择，包括标准白炽灯、压缩荧光灯、管状荧光灯、钨卤灯、金属卤化灯、水银汽灯、高压钠灯和低压钠灯等。所有这些灯，还有其他一些类型的灯具，都有其适用场合和功能。前4种尤其适于家用。

小贴士

定期更换老旧灯管，白炽灯及日光灯管在使用寿命的80%时，输出光束约减为85%，故宜在寿命结束前更换。天花板、墙壁选用淡色系，可增加光的反射，提高光线漫射的效果以节省电能。

淘汰低效率的光源与灯具

以日光灯替代白炽灯：白炽灯的耗电量是日光灯的3倍，所以对于不需使用白炽灯之处，建议更改为日光灯。以简单美观灯具取代华丽复杂之灯具：简单的灯具有利于平时之清洗，故针对一般居家空间建议使用简单大方之灯具，以方便清洁。淘汰传统镇流器以电子式镇流器替代：电子式

镇流器具多项优点，例如立即起动、不闪烁、发热量少，耗电比电感性镇流器少20%～30%等，只是合格的电子式镇流器价格较高，50元以下基本很难买到合格的产品，市场上的很多低价产品很容易坏，用了之后往往是省电不省钱。

◆小吊灯营造出的温馨气氛

1. 你知道什么样的灯较省电吗？
2. 你知道什么是照度吗？
3. 你觉得家居灯光如何布局才合理？

节能先锋
——形形色色节能屋

◆绿色节能屋

节能环保是现代人所追求的生活方式，而住房作为人们生活不可缺少的部分，它的节能越来越受到人们的关注，为了让我们的家成为节能环节中的重要阵地，人们在住房的节能上作了更多的研究与尝试。各种节能屋也应运而生，它们虽然造价不菲但有着令人瞩目的节能表现。

最“绿”的酒店

位于美国加利福尼亚旅游胜地的纳帕山谷，一个名叫山谷盖亚的酒店目前是全美国最“绿”的房子。

◆山谷盖亚

经美国绿色建筑委员会初步评估，山谷盖亚酒店在能源和环保设计认证（LEED）体系中达到黄金级别。LEED是目前世界上影响最广、最权威的绿色建筑评估体系。据美国绿色建筑委员会初步评估，目前LEED黄金级别的绿色建筑在全美只有华盛顿的一座建筑，而在美国外也仅有斯里兰卡的一座建筑，此前没有任何旅店达到过LEED的黄金级标准。

（LEED）全称：领先能源与环境设计建筑评估体系。

占地超过7400平方米的山谷盖亚酒店包括四栋双层建筑，总共133间客房，外观朴实而内藏玄机。自旅客踏入酒店的第一步就已经开始了他们的“环保探险”，酒店大门口外，特殊踏板装置可以将灰尘“留”在门外；经过特殊设计的天花板采用的节能日光管设计能保证大堂最大限度地利用自然光线，白天山谷盖亚酒店的大堂从来不开灯，从而达到减少三分之二的二氧化碳排放；最新节能冷热空调系统可以自动调节室内温差，最大限度地节约电力；厕所内马桶冲力很强，可以节约45%的用水。男小便池则依靠新的地心引力技术，不需要冲水；酒店内所有笔都是采用生物可降解材料制作的，而所有用纸都使用可再生纸浆制造。另外，建造酒店所用木材全部来源于经官方认证的原木；酒店内地毯采用天然纤维；酒店内外装修选用低排放型油漆；用绞碎的牛仔裤做绝缘；建筑垃圾全部回收。

◆斯里兰卡丹布拉

链接：什么是LEED标准？

LEED全称为Leadership in Energy & Environmental Design Building Rating System，是一个基于自愿原则，目的在于发展高功能、可持续建筑物的绿色建筑评估系统，涉及水资源保护、节能、再生能源、材料选用以及室内环境质量的潜在功能。目前已经发展成下设针对新建筑（LEED－NC）、既有建筑（LEED－EB），商业建筑室内环境（LEED－CI）、建筑主体和外壳（LEED－CS）、住宅（LEED－Homes）、学校（LEED－School）、零售店（LEED－Retail）以及社区开发（LEED－ND）的共8个评估分册，LEED绿色建筑物评估

系统将屋面系统分为若干项，每一项都有打分的技术要求。凡符合要求的各项可以评分，得分的多少根据每一项评估情况而定。最后将各项得分相加，根据总分将建筑物分为 4 个认证等级：通过、银、金、铂四级（由低至高）。

绿色树屋“Wild Side”

◆阳光中的 Wild Side

◆造型奇特的环保木屋

这个由罗德·艾克和萨金特公司的建筑设计师设计的漂亮的绿色树屋叫作“Wild Side”，它是双湖营地项目的一个扩建。它的建造非常利于轮椅的通行，轮椅通过建筑两侧同湖毗邻的小路进入到屋内。建筑设计师希望创造一个可以将孩子们和自然联系在一起的空间，孩子们在这里可以学到不同的生态知识。树屋的面积相当大，主空间中有讲故事室，活动室，环保艺术和手工艺室以及鼓乐节目室。另外一些空间则是员工区域和储藏区域。建筑中有一个 56 平方米的带有屋顶的平台，人们从这里可以看到周围美丽的景色。

树屋中的所有设施的设计都非常环保，孩子们在这里可以有机会了解到有关可持续性、节约用水和节能的知识。建筑中有一个 1700 平方米的绿色屋顶花园，一个 1.4 千瓦的 8 模块太阳能光电池阵，两个堆肥厕所，一个可将排水沟中的雨水进行转换的雨水链，三个圆顶天窗。设计者之一埃里克·罗宾斯将这个树屋看作是“使孩子和成人了解可持续性的一个完美工具”。

阳光收集者

房子的主人叫埃里克·多博，美国科罗拉多州的一个建筑商，仅建这一所房子就花费了 138 万美元(包括买土地的费用)。2005 年 11 月，多博全家顺利搬进了这所他们称之为“阳光收集者”的房子。屋顶上铺满了太阳能电池板，让小屋颇像今年力压功夫熊猫一举夺得奥斯卡最佳动画片的瓦力小机器人，仿佛充满了太阳能后，随着苹果系统启动时的“铛”声响，它就会动起来。在这里，他们全家能够舒舒服服地使用热水，不必担心会增加环境的负担。

◆阳光收集者

◆享受太阳提供的能源

在多博家的新家落成后两年半的时间里，已经有超过 2600 人慕名前来参观这座太阳能小屋。

零碳屋

位于不列颠群岛最北端的设得兰群岛中，安斯特岛是少数几个适合人类生活的岛屿之一，这里曾经是北欧海盗的定居地，如今这里却因一对退休夫妇迈克尔·雷和多罗西·雷建造的“零碳屋”成为全球环保人士的瞩目之地。

夫妇俩建造的木质两层房屋看似与岛上其他普通房屋无差别，但房屋和他们生活所需能源则全部用太阳能和风力涡轮机自给自足。在原来单间房屋的基础上，迈克尔给房子加了两间翼房。一间是三面玻璃的太阳能室，用来吸收太阳能，同时作为日光浴的休闲场所；另一间一分为二：一部分作为办公室，另一部分作为杂物间，放置能量储存回收装置，有一根

◆零碳屋

◆迈克尔·雷和多罗西·雷

不锈钢管与地下风力涡轮机和地能收集系统相连。

安斯特岛上盛夏时全天白昼，冬季则寒风凛冽，这些装置可以透过收集空气和地面的能量，给房屋提供电能、热能。即使冰天雪地，由地板下的废气转化的暖气系统供热，屋内也是温暖如春。不仅如此，就连外出的交通工具也是电能汽车。

与同类小屋相比，迈克尔的设计十分人性化。屋里屋外都设计了供残疾人通行的木板路，即使坐着轮椅，也可以到达任何房间。

他们的食物也全部由自己耕种，还用电脑监测植物的生长环境。长年下来，夫妻俩的一切生活都是自给自足，实现了梦寐以求的“零碳生活”。

1. 你还知道有哪些著名的节能屋吗？
2. 什么是 LEED 标准？
3. 你知道风力涡轮机是怎么工作的吗？

节能典范
——世博园中的节能展馆

◆绚丽数码馆

在世博会的历史上，曾留下许多经典建筑，每一个小小的场馆，不仅是一个国家历史文化和最新科技的结晶，也是当时人们对于未来建筑形式的大胆思考与探索。

中国2010年上海世博会，再一次成为全球建筑设计师竞技的舞台。走近世博园区里一个个原创建筑案例，可见智慧与节能之光在此熠熠生辉。这其中的经典案例世博中心在设计建造过程中特别强调了绿色节能理念，它在某种程度上成为了其他场馆的表率与标杆。为此，世博中心项目获得了两项很高的荣誉——国家绿色三星标准和通过美国建筑LEED金奖标准预评。

节能中国馆

◆雾霭中的中国馆

作为东道国的国家馆，中国馆的设计理念不仅体现世博会的主题，也考虑到环保问题。设计者在设计中国馆时极度重视环境与能源问题，有一套完整的环境保护与能源节约策略体系，旨在以建筑表述“环境宣言”。”作为上海世博会的“绿色地标”，中国馆在古典大气的外部造型下，隐藏着许多环保新技术。而这些技术都是以“节能”两字为核心要求。

知识库

中国国家馆以“东方之冠”为构思主题，取自中国古代木结构建筑中的元素——斗拱。16字设计理念体现了中国文化的深厚积淀：“东方之冠，鼎盛中华，天下粮仓，富庶百姓”。主色调运用传统、沉稳的“故宫红”。世博会期间，中国馆展现了一幅宏伟的城市文明图。

◆被动节能—汉堡之家

◆会呼吸的紫蚕岛

首先，中国国家馆造型层叠出挑，在夏季上层形成对下层的自然遮阳，减少了降温所需的能耗。地区馆外廊为半室外玻璃廊，用被动式节能技术为地区馆提供冬季保温和夏季通风。地区馆屋顶“中国馆园”还将运用生态农业景观等技术措施有效实现隔热。

在建筑形体的设计层面，设计者力争实现单体建筑自身的减排降耗，在建筑表皮技术层面，充分考虑环境能源新技术应用的可能性。比如，所有的窗户都采用低耗能的双层玻璃。此外，中国馆的制冰技术的应用将大大降低用电负荷，建筑的节能系统将使能耗比传统模式的降低25%以上。

中国馆不仅通风性能良好，还采用了许多太阳能技术。中国馆的顶部、外墙上装有太阳能电池，以确保提供强大的能源，有望使中国馆实现照明用电全部自给。在景观设计层面，加入循环自洁要素。在国家馆屋顶上设计的雨水收集系统，可以实现雨水的循环利用，利用天然的雨水进行绿化浇灌、道路冲洗。在地区馆南侧大台阶水景观和南面的园林设计中，引入小规模人工湿地技术，利用人工湿地的自洁能力，在不需要大量用地的前提下，为城市局部环境提供生态化的景观。

◆巴基斯坦世博馆

原理介绍

冰蓄冷空调是利用夜间低谷负荷电力制冰储存在蓄冰装置中，白天融冰将所储存冷量释放出来，减少电网高峰时段空调用电负荷及空调系统装机容量，它代表着当今世界中央空调的发展方向。

中国馆的设计引入了最先进的科技成果，使它符合环保节能的理念。四根立柱下面的大厅是东西南北皆可通风的空间，在四季分明的上海，即使展会期间各种气候如约而至，让观众都能感到有一股股与人体相宜的气流在抚摸自己的肌肤。外墙材料为无放射、无污染的绿色产品，比如所有的门窗都采用低辐射（LOM－E）玻璃，不仅反射热量，降低能耗，还喷涂了一种涂料，将阳光转化为电能并储存起来，为建筑外墙照明提供能量。地区馆平台上厚达 1.5 米的覆土层，可为展馆节省 10%以上的能耗。国家馆顶上的观景台也引进了最先进的太阳能薄膜，储存由阳光并转化为电能。顶层还有雨水收集系统，雨水净化后用于冲洗卫生间和车辆。主体建筑的挑出层，构成了自遮阳体型，已经为下层空间遮阴节能了。所有管线甚至地铁通风口都被巧妙地隐藏在建筑体内。

知识窗

LOM—E玻璃又称低辐射玻璃，是在玻璃表面镀上多层金属或其他化合物组成的膜系产品。其镀膜层具有对可见光高透过及对中远红外线高反射的特性，具有优异的热性能及良好的光学性能

公共建筑节能典范

◆中国馆安装

2009年12月25日，上海世博中心正式竣工。作为中国公共建筑节能科技的典范，世博中心是按照中国和国际标准建成的绿色低碳建筑，既为世博会留下了绿色财富和低碳世博的理念，也为未来城市建筑发展起到示范作用，同时标志着中国在大型公共建筑的绿色低碳建筑技术集成方面达到国际领先水平。近十万平方米的世博中心馆，广泛采用了环保节能的新能源、新材料和新技术，成为2010世博会上一座按照中国三星标准和美国LEED金奖设计标准双重控制执行的

◆上海世博中心

◆意大利馆

绿色建筑。

世博中心外立面石材和玻璃幕墙实现了自然通风和采光，屋顶太阳能总装机容量达到1.0兆瓦，还采用了LED照明、江水源、冰蓄冷、水蓄冷和雨水收集等多项节能环保技术。据估算，世博中心总能耗低于国家节能标准规定值的80%，每年节约的能耗相当于上海1万多户居民1年总用电量。

太阳能与建筑一体化是世博中心馆的一大亮点，上海太阳能工程技术研究中心采用先进的航天空间电源技术，利用自然清洁的可再生能源，全力打造世博中心航天光伏兆瓦级电站，兆瓦级的光伏电站充分体现了光伏技术与建筑的和谐统一。上海太阳能工程技术研究中心的科技人员在设计和施工中，统筹考虑了光伏电站发电效率的优化和建筑美学的统一，屋顶平面采用单晶硅光伏组件与绿化间隔布置的方式，充分体现出太阳能绿色能源的含义，屋顶设备间南立面采用光伏遮阳组件，这是国内首次大规模双面玻璃光伏遮阳组件的应用，达到了美观和节能的效果，充分体现了创新与科技、绿色与文明的完美融合。

小博士

世博中心航天光伏兆瓦级电站采用并网发电方式，预计年发电量近100万度，年二氧化碳减排900余吨，预计运行15年即可收回全部投资，展现了良好的经济效益和社会效益。

绿色交通
——绿色汽车家族

◆绿色汽车

绿色汽车是环保型汽车的美称。通常是指那些开发过程无污染，使用健康且安全，不会破坏环境和生态，在特定的技术标准下生产出来的汽车产品。它对汽车生产基地、汽车能源、汽车尾气的要求，对汽车从生产、销售到废品回收的整个过程的要求，以及对环境、生产技术、安全等方面的要求，都有一定的国际标准。

目前国际上与绿色汽车相类似的叫法有很多，如称之为“环保汽车”或“清洁汽车”等。虽然叫法不同，但实质上差别不大，都是要求生产健康无污染的汽车，这是一种既追求保护环境，提高汽车安全性，又容易被广大消费者接受的产品。

混合动力汽车

◆改进过的发动机

混合动力是指那些采用传统燃料的，同时配以电动机/发动机来改善低速动力输出和燃油消耗的车型。按照燃料种类的不同，主要又可以分为汽油混合动力和柴油混合动力两种。目前国内市场上，混合动力车辆的主流都是汽油混合动力，而国际市场上柴油混合动力车型发展也很快。

纯电动汽车

◆车展上的纯电动力汽车

◆标致“夸克”燃料电池汽车

电动汽车顾名思义就是主要采用电力驱动的汽车，大部分车辆直接采用电机驱动，有一部分车辆把电动机装在发动机舱内，也有一部分直接以车轮作为四台电动机的转子，其难点在于电力储存技术。本身不排放污染大气的有害气体，即使按所耗电量换算为发电厂的排放，除硫和微粒外，其他污染物也显著减少，由于电厂大多建于远离人口密集的城市，对人类伤害较少，而且电厂是固定不动的，对于集中的排放，清除各种有害排放物较容易，也已有了相关技术。由于电力可以从多种一次能源获得，如煤、核能、水力、风力、光、热等，解除人们对石油资源日见枯竭的担心。电动汽车还可以充分利用晚间用电低谷时富余的电力充电，使发电设备日夜都能充分利用，大大提高其经济效益。正是这些优点，使电动汽车的研究和应用成为汽车工业的一个“热点”。

小博士

有关研究表明，同样的原油经过粗炼，送至电厂发电，充入电池，再由电池驱动汽车，其能量利用效率比经过精炼变为汽油，再由汽油机驱动汽车的高，因此有利于节约能源和减少二氧化碳的排量。

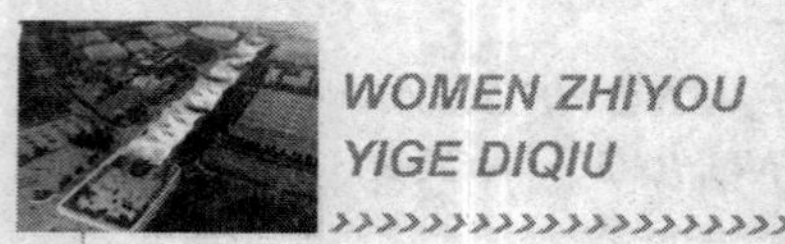

燃料电池汽车

燃料电池汽车是指以氢气、甲醇等为燃料，通过化学反应产生电流，依靠电机驱动的汽车。其电池的能量是通过氢气和氧气的化学作用，而不是经过燃烧，直接变成电能的。燃料电池的化学反应过程不会产生有害物，因此燃料电池车辆是无污染汽车，燃料电池的能量转换效率比内燃机的要高2～3倍，因此从能源的利用和环境保护方面考虑，燃料电池汽车是一种理想的车辆。

燃料电池汽车具有以下优点：

1. 零排放或近似零排放。
2. 减少了机油泄漏带来的水污染。
3. 降低了温室气体的排放。
4. 提高了燃油经济性。
5. 提高了发动机燃烧效率。
6. 运行平稳、无噪声。

单个的燃料电池必须结合成燃料电池组，以便获得必需的功率，满足车辆使用的要求。

氢动力汽车

◆概念环保车

氢动力汽车是一种真正实现零排放的交通工具，排放出的是纯净水，其具有无污染，零排放，储量丰富等优势，因此，氢动力汽车是传统汽车最理想的替代方案。与传统动力汽车相比，氢动力汽车成本至少高出20%。

几乎所有的世界汽车巨头都在研制新能源汽车。电曾经被认为是汽车的未来动力，但蓄电池漫长的充电时间和重量使得人们渐渐对它兴味索然。所以目前的电与汽油合用的混合动力车只能暂时性地缓解能源危机，只能减少但无法摆脱对石油的依赖。这个时候，氢动力燃料电池的出现，犹如再造了一艘诺亚方舟，让人们从危机中看到无限希望。

万花筒

中国长安汽车在2007年完成了中国第一台高效零排放氢内燃机点火，并在2008年北京车展上展出了自主研发的中国首款氢动力概念跑车“氢程”。

技术难题

缺点：氢燃料电池成本过高，而且氢燃料的存储和运输按照目前的技术条件来说非常困难，因为氢分子非常小，极易透过贮存装置的外壳逃逸。另外最致命的问题，氢气的提取需要通过电解水或者利用天然气，如此一来同样需要消耗大量能源，除非使用核电来提取，否则无法从根本上降低二氧化碳排放。

燃气汽车

燃气汽车是指用压缩天然气（CNG）、液化石油气（LPG）和液化天然气（LNG）作为燃料的汽车。燃气汽车由于其排放性能好，可调正汽车燃料结构，运行成本低、技术成熟、安全可靠，所以被世界各国公认为当前最理想的替代燃料汽车。

◆孩子心中的环保车

以燃气替代燃油将是中国乃至世

界汽车发展的必然趋势。我国应尽快组织力量，制定出国家级燃气汽车政策。考虑到我国能源安全主要是石油的状况，发展包括燃气汽车在内的各种代用燃料汽车，已是刻不容缓的事。

太阳能汽车

◆造型奇特的太阳能汽车

在太阳能汽车上装有密密麻麻像蜂窝一样的装置，它就是太阳能电池板。平常我们看到的人造卫星上的铁翅膀，也是一种供卫星用电的太阳能电池板。

太阳能电池依据所用半导体材料不同，通常分为硅电池、硫化镉电池、砷化镓电池等，其中最常用的是硅太阳能电池。硅太阳能电池有圆形的、半圆形的和长方形的等几种。在电池上有像纸一样薄的小硅片。在硅片的一面均匀地掺进一些硼，另一面掺入一些磷，并在硅片的两面装上电极，在阳光的照射下电极之间产生电动势，然后通过连接两个电极的导线，就会有电流输出。它就能将光能变成电能。

链接——硅太阳能电池

硅太阳能电池能把10%～15%的太阳能转变成电能。它既使用方便，经久耐用，又很干净，不污染环境，是比较理想的一种电源。只是光电转换的比率小了一些。近年来，美国已研制成光电转换率达35%的高性能太阳能电池。澳大利亚用激光技术制成的太阳能电池，其光电转换率达24.2%，而且成本与柴油发电相当。这些都为光电池在汽车上的应用开辟了广阔的前景。

菜篮子的贡献
——一次性用品害处多

◆带上菜篮去买菜

现代化生活充斥着许多一次性用品：一次性餐具、一次性桌布、一次性尿布、一次性牙刷、一次性照相机……一次性用品给人们带来了短暂的便利，却给生态环境带来了灾难。它们加快了地球资源的耗竭，同时也给地球带来了环境污染。少使用一次性用品，多使用耐用品，对物品进行多次利用，应当成为新的社会风气，新的生活时尚。从明天起，让我们带上菜篮子去买菜吧。

少用一次性制品

减少资源和能源的浪费，让我们摆脱“一次性消费”的诱惑。我们可以用充电电池代替普通电池；用手绢代替纸巾；用瓷杯、玻璃杯代替纸杯；用布袋代替塑料袋；用自动铅笔代替木杆铅笔。如果你经常在外出差吃饭，可随身带双筷子、带个勺子，带上牙刷、牙膏、剃须刀、洗发水等等，使生活处处皆环保。

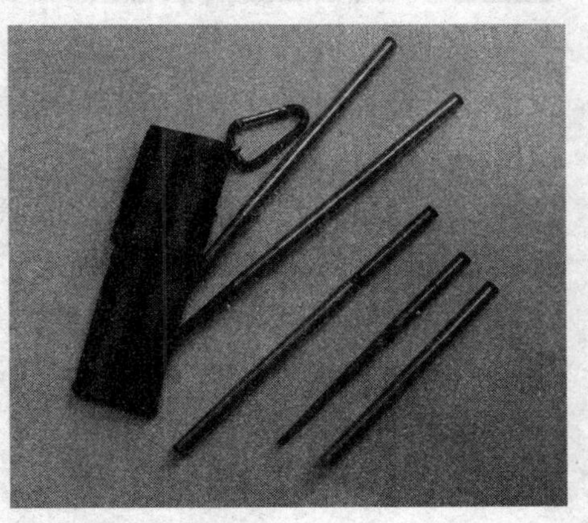

◆出门带上便携式筷子

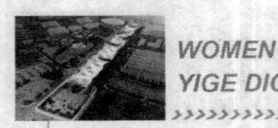

小贴士

一次性筷子隐藏三大危害：

损害呼吸道功能：一次性筷子制作过程中须经过硫磺熏蒸，所以在使用过程中遇热会释放SO2，侵蚀呼吸道黏膜；损害消化道功能：一次性筷子在制作过程中用双氧水漂白，双氧水具有强烈的腐蚀性，对口腔、食道甚至胃肠造成腐蚀；打磨过程中使用滑石粉，清除不干净，在人体内慢慢累积，会使人患上胆结石。病菌感染：经过消毒的一次性筷子保质期最长为4个月，一旦过了保质期很可能带上金黄色葡萄球菌、大肠杆菌及肝炎病毒等。

自备购物袋

◆用废旧物品制作的购物袋

在我们的生活中，塑料袋成了必不可少的东西，无论是在大小超市，还是在菜市场和街边的小摊贩那里，提供给顾客塑料袋似乎成了理所当然的事情，因此，一些消费者在购物时过度依赖塑料袋。那些用了就扔的塑料袋不仅造成了资源的巨大浪费，而且使垃圾量剧增。大部分消费者把超市塑料袋带回家中当垃圾袋使用，丢弃后对环境造成二次污染。塑料袋造成的白色污染，已经成为城市环境的大敌。一些家庭主妇为了少用塑料袋而挎着硕大的藤篮上街购物。少用或不用塑料袋应该是我们首先倡导的绿色生活。在国内，上海一些超市塑料袋也已开始实行有偿提供。

你知道吗?

◆难降解的塑料袋成为环保大敌

目前全球废弃塑料物每年总量已达6000多万吨。中国目前已是世界上生产、使用和消费塑料制品最多的国家。

而中国每年兼废弃量超过300多万吨，用过的废旧薄膜、塑料袋和泡沫塑料餐具被丢弃在各处，散落在市区、风景旅游区、水体、道路两侧，甚至挂满树梢，不仅影响景观，造成“视觉污染”，而且因其难以降解，对生态环境造成极大的危害。

自备餐盒

◆可爱的自制便当

如今无论是在外面吃早餐还是夜宵，总是有一大堆一次性的东西摆出来，塑料或者泡沫饭盒，塑料杯和卫生筷，甚至有些还为了方便洗碗，在碗上套上了塑料袋。并且这些一次性餐具的卫生问题也十分突出。在一些小吃摊上，一次性木筷放在锈迹斑斑的筷筒里，不时会有蚊蝇恋恋不舍地“香吻”，还有无数双手挑剔地“抚摸”，而且那些颜色不均的塑料袋也不那么令人放心。自备餐盒，首先是对自己身体的健康负责。

拒绝过度包装的商品

◆日式的简单包裹

逢年过节，不论是各大超市商场还是街头的小摊小贩，各种包装十分夸张的礼品都摆到了很显眼的位置上，但质量如何却让人心里犯嘀咕。这种过度包装的风气已延伸到日常商品。很多人都有同样的感受：每次买完东西回家，光包装的垃圾就要扔一大堆。过度包装不仅浪费了资源，也加重了消费者的经济负担，同时还增加了垃圾量，污染了环境。因此，我们提倡购买简装或大包装大瓶装的商品，少买过度包装的商品。节约资源，减少环境污染。

节约用纸

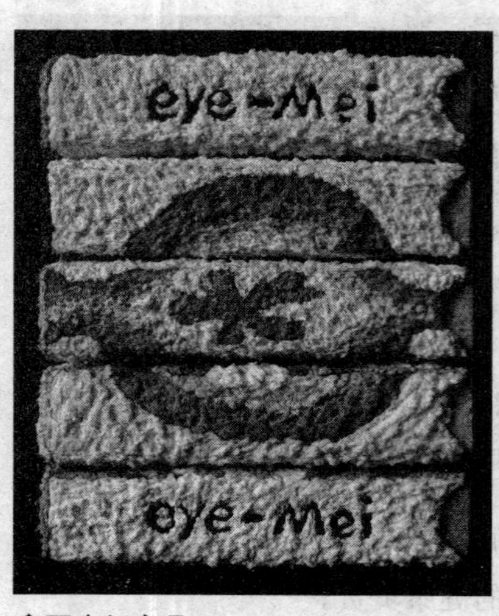

◆再生纸文具

目前，造纸的原料主要是木材。我国造纸业年需消耗木材 1000 万立方米。我们使用、消耗大量的纸张，实际上是在消耗森林资源。现在，地球上平均每年有 4000 平方公里的森林消失。森林可以为人类提供氧气、吸收二氧化碳、防止气候变暖、涵养水分、防风固沙、维持生态平衡等。保护森林，减少开采量，就需要削减木材的需求量。回收 1 吨废纸能生产 800 千克再生纸，可以少砍 17 棵大树，节约一半以上的造纸原料，减少 35％的水污染。每张废纸至少可以回收再生两次。因此，应提倡积极

回收废纸、尽量使用再生纸和双面用纸。节约用纸则是保护森林、保护环境的最好措施。

交流捐赠多余物品

生活好了，一些家庭里的家什更新换代也加快了，很多人家都会有一些留着无用、扔了可惜的东西。其实可以通过交换和捐赠的办法，使它在别人那里得到再利用。如果能将这些物品送到贫困地区或受灾地区，那就更能物尽其用了。学校和社区可以经常组织物品交换捐赠会，将各人不用的物品集中起来，互相交换，达到重复利用的目的。

◆捐赠衣物

拓展思考

1. 你知道一次性筷子的危害吗？
2. 你知道什么是再生纸吗？
3. 对于一次性用品你还有什么好的建议？

取人之长补己之短
——国外节能举措

眼下，油价飙涨，能源紧缺，节能已成全球浪潮。很多国家都制定了有效的节能措施，如美国能源部制定了详细的节能政策。在居家生活方面，建议人们购买高能效电器设备，尽可能多地利用阳光照明。能源部号召民众购买汽车时，首先考虑燃油经济性。政府呼吁公众选择生物柴油、电力、乙醇燃料、天然气等以降低汽油消耗，鼓励大家以电动自行车为交通工具。让我门一起来看看其他国家为节了能减排有什么新措施。

◆骑车节能成时尚

共用自行车系统

◆共用自行车系统

美国市民团体日前为在纽约引进共用自行车系统而在曼哈顿推行一项试验。这种旨在削减城市内温室气体排放和缓解交通堵塞的系统目前在挪威等欧洲国家也被采用，结果参加人数超乎预想，令主办方感到有望在汽车大国美国实现这一系统。这一系统在车站前设置出租自行车服务站，使用者可以在事后将自行车归还到另一处服务站，以尽量减少使用汽车。该团体在曼哈顿中心的苏豪区进行了 5 天试验，共有 85 名市民和游客使用了 20 辆可免费

使用30分钟的自行车，纽约市交通部门的官员也前来视察并评价说“取得了超乎预想的好评”。

退税计划鼓励居家节能

英国环境部长艾略特·莫利公布的这个计划，目的是减少数百万英镑计的能源浪费。英国共有1030万个家庭，由于保温不好，用于取暖的钱通常浪费了三分之一。而参加此计划的十六个区中的88万个家庭全部采取节能措施，那么每年就能减少排放19.3万吨二氧化碳。不过，这个家庭必须首先通过英国煤气公司安装保暖墙后，才能申请减少地方政府税。如果一个家庭肯花175英镑安装保暖墙的话，他们每年平均能节省110英镑的能源税。据英国煤气公司的马克·克莱尔说：“从2002年至今，大约1000万个家庭，其中600万个是低收入家庭，通过全国各家能源供应公司的帮助受益，住所更加暖和，更加舒适，所付的电费、煤气费却更少。特别是在很大程度上减少了造成气候变暖的温室气体的排放。二氧化碳排放量中，大约四分之一来自家庭耗费的能源。消费者对能源的漠不关心意味着根本没有意识到高效使用能源的好处。”

◆建在洞里的房子

点 击

丹麦的一家企业为了鼓励员工开更环保的汽车，出台了一条优惠政策：把公司最好的停车位让给电动车。

提高能效与节能并重

◆德国开发先进环保供热系统

德国十分注重提高能源使用效率和节省能源。这种努力几乎深入到经济和社会生活的每个角落，并取得了显著的效果。据德国经济部统计，从1991年到2001年，德国国内生产总值增长了16%，但同期矿物能源的消耗量却有所降低。作为提高能源使用效率最重要的途径之一，德国政府努力推动能源公司实施“供热供电结合”，鼓励能源公司将发电的余热尽可能用于供暖。2002年，德国颁布了促进“供热供电结合”的法规。根据这一法规，政府向实施该措施的能源公司，尤其是小型能源公司提供补助，帮助他们置办相应设备。

广角镜——泰国：大象耕地

最近，在泰国东北部的黎逸府、孔敬府、素攀他尼府等地，越来越多的农民开始重新使用水牛耕地，甚至还有部分农民开始自己扛犁，打算用人力和油价对抗。当地水牛保护协会主席巴越说：“我们现在用同样多的钱只能买到过去一半的油，所以我们不再用机械化设备耕种。”据了解，仅黎逸府就有100多户农民改用水牛耕地。不仅如此，为了节约耕作成本，泰国北部清迈府的农民开始恢复使用大象耕田，乍一看，仿佛回到了20世纪80年代的景象。

东京“一人一日一千克”

为控制家庭温室气体排放量，东京开展了以“一人一日一千克”为目

◆天然包装材料

标的家庭减排任务。经计算：一千克二氧化碳的体积相当于100个足球的体积之和。家庭减排任务可包括：每人每天减少一分钟淋浴时间，减排74克；自带包装袋购物，减排62克；夏天将空调冷气温度调高1摄氏度，减排35克；空调、冰箱、灯泡换成节能产品，减排281克；及时熄灭汽车，减排42克；生活垃圾彻底分类，减少焚烧量，减排52克；及时切断家电电源，减排64克。这些措施合计可以减排610克二氧化碳，还剩下390克减排目标如何达到，需要通过全体市民齐想办法齐动脑筋去共同实现。

联合国粮农组织建议少食肉类

◆畜牧场中的牛产生大量温室气体

联合国粮食及农业组织发布的《家畜的巨大阴影：环境问题与选择》报告说，由于人类对肉类和奶制品的需求不断上升，畜牧业发展迅猛，由畜牧业产生的温室气体已经超过了汽车的排放量。如果用释放的二氧化碳量来衡量，家畜比汽车的排放量多18%；若是用一氧化二氮排放量作为衡量标准，则在人类所有活动导致的一氧化二氮的增加中，来自家畜的排放量占65%，而一氧化二氮的温室效应是二氧化碳的296倍。此外，人类活动产生的甲烷有37%来自反刍牲畜的消化道，而同等条例下甲烷的温室效应是二氧化碳的25倍。

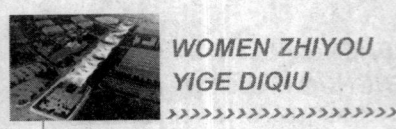

小贴士

报告还说，畜牧业不仅产生温室气体，而且还与森林争地，导致有助于调节气候的绿地面积减少，进一步加剧了全球气候变暖的趋势。目前，畜牧业占用了世界上30%的土地面积，在全球可耕地中，33%农田用来种植供家畜食用的饲料作物。畜牧业还导致土地和水质退化，家畜饮水和饲料种植灌溉用水加剧了全球水资源的紧张状况，家畜的粪便还对环境造成污染。因此，少量食肉，既可防止营养过度，又可为节能减排作出贡献。

拓展思考

1. 你还知道哪些国家的节能措施吗？
2. 你觉得我国的节能政策是否深入人心？
3. 你有没有好的节能建议呢？